Serie Bianca Feltrinelli

VANDANA
SHIVA

IL BENE COMUNE DELLA TERRA

Traduzione di Roberta Scafi

Titolo dell'opera originale
EARTH DEMOCRACY

Traduzione dall'inglese di
ROBERTA SCAFI

Prima edizione in "Serie Bianca" settembre 2006

ISBN 88-07-17124-4

Introduzione

Il progetto democratico ed ecologista che ispira questo studio ha origini antiche, ma costituisce anche l'obiettivo di fondo di un movimento politico emergente che difende la pace, la giustizia e la sostenibilità. Concepire il pianeta come una grande comunità e come un bene comune inalienabile a tutte le forme di vita che lo popolano significa porre in correlazione il particolare e l'universale, le diversità specifiche e gli aspetti comuni, le dimensioni del locale e del globale, richiamandosi a quella che in India viene descritta come *vasudhaiva kutumbkham*, la "famiglia terrestre", l'insieme di tutti gli esseri viventi che traggono sostentamento dal nostro pianeta. I nativi americani, al pari di tutte le culture indigene del mondo, concepivano la vita come un continuum che vincola le sorti dell'essere umano a quelle di tutte le altre specie, attraverso un condizionamento reciproco che coinvolge tutte le generazioni passate, presenti e future. Il discorso che capo Seattle, della tribù dei Suquamish, pronunciò nel 1848 evoca bene tale continuità del vivente:

> Come si può pensare di vendere o di acquistare il cielo, o il calore della terra? Quest'idea è davvero strana per noi.
> Se la brezza dell'aria e la luminosità dell'acqua non ci appartengono, come potete pensare di comprarle da noi?
> Anche la più piccola parte di questa terra è sacra al mio popolo. Ogni ago di pino lucente, ogni riva sabbiosa, la bruma che si diffonde nell'oscurità dei boschi, ogni insetto che ronza sereno è santo nella memoria e nell'esperienza di vita della mia gente. La linfa che scorre negli alberi porta con sé i ricordi dell'uomo rosso.

Questo sappiamo: la terra non appartiene all'uomo; è l'uomo che appartiene alla terra. Questo sappiamo. Ogni cosa è correlata come il sangue che unisce la nostra famiglia. Ogni cosa è correlata.

Il movimento democratico globale prende forma dal riconoscimento di queste correlazioni, dei diritti e delle responsabilità che ne derivano. La protesta di capo Seattle: "La terra non appartiene all'uomo", trova eco in altre e più recenti forme di contestazione: "Il nostro mondo non è in vendita", "La nostra acqua non è in vendita", "I nostri semi e la nostra biodiversità non sono in vendita". Queste forme di resistenza alle privatizzazioni imposte dall'ideologia insensata della globalizzazione economica costituiscono le fondamenta del nuovo movimento democratico. Le multinazionali concepiscono il mondo in termini di mero possesso e il mercato in termini di mero profitto. Ma dopo quanto è accaduto a Bangalore nel 1993, quando mezzo milione di contadini indiani insorsero per opporsi alla classificazione dei semi come proprietà privata sancita dal Wto (World Trade Organization, Organizzazione mondiale del commercio) con l'accordo TRIPS (Trade Relate Intellectual Property Rights) relativo agli aspetti attinenti al commercio dei diritti di proprietà intellettuale, dopo che gli incontri ministeriali sono stati interrotti due volte dalla protesta popolare, dapprima a Seattle nel 1999 e successivamente a Cancun nel 2003, l'agenda delle multinazionali ci appare sempre più contrastata dall'apporto creativo, dall'intelligenza e dal coraggio di milioni di persone che concepiscono la terra come una famiglia, come una comunità che lega tutte le forme di vita e tutti gli esseri umani senza distinzioni di razza, classe sociale, culto o nazionalità.

La globalizzazione imposta dalle multinazionali concepisce il pianeta in termini di proprietà privata. Al contrario, i nuovi movimenti difendono le risorse locali e globali del territorio perché lo intendono come bene comune. Le comunità che insorgono in ogni continente per contrastare la distruzione delle loro diversità biologiche e culturali, dei loro mezzi di sostentamento e delle loro stesse vite costituiscono l'alternativa democratica alla trasformazione del mondo in un gigantesco supermercato, in cui beni e servizi prodotti con costi ecologici, economici e sociali estremamente alti vengono rivenduti a prezzi stracciati. Opponendosi a questa globalizzazione liberista e suicida che inquina il pianeta, dilapida ogni risorsa e impone la dislocazione forzata di milioni di contadini, lavoratori e artigiani, le comunità si impegnano a sviluppare delle economie alternative che proteggono la vita e promuovono la creatività individuale.

La globalizzazione economica si configura come una nuova forma di "enclosure of the commons", la recinzione delle terre comuni britanniche, come una privatizzazione imposta attraverso atti di violenza e dislocazioni forzate. Anziché generare abbondanza, questa privatizzazione subordinata al profitto produce nuove esclusioni, nuove espulsioni e maggiore povertà. Non solo, ma trasformando in merce ogni risorsa e forma di vita, essa depriva anche i popoli e le specie viventi dei loro fondamentali diritti in termini di spazio ecologico, culturale, economico e politico. La proprietà privata dei ricchi torna così a fondarsi su una rapina ai danni dei poveri. Le privatizzazioni si traducono in un esproprio delle risorse pubbliche e dei beni comuni dei soggetti più poveri, che si ritrovano a essere economicamente, politicamente e culturalmente depauperati.

I brevetti sulla vita e la retorica di un mondo fondato sulla proprietà privata, in cui qualsiasi cosa, dall'acqua alla biodiversità, dalle cellule ai geni, dagli animali alle piante, viene considerata in termini di merce, si traducono in una visione del mondo che non riconosce il valore intrinseco, l'integrità e la sovranità di ogni forma di vita. Secondo questa ideologia, il diritto dei contadini a disporre dei semi, dei malati a ricevere le loro medicine a prezzi accessibili, dei piccoli produttori a una ripartizione equa delle risorse terrene possono essere liberamente violati. La retorica della proprietà privata nasconde la filosofia di morte di chi, pur scandendo slogan a favore della vita, cerca di impadronirsi di tutte le risorse del pianeta e della creatività umana per controllarle e monopolizzarle. In Inghilterra, le recinzioni delle terre comuni trasformarono milioni di contadini in forza lavoro disponibile sul mercato. Se queste prime recinzioni si limitavano a sottrarre delle terre, l'attuale privatizzazione si spinge fino a mercificare ogni aspetto della vita, dai saperi comuni alle tradizioni culturali, dall'acqua alla biodiversità, inclusi servizi pubblici quali la sanità e l'istruzione. A fronte di tale situazione, la difesa dei beni comuni costituisce l'espressione più alta di una concezione democratica dell'economia.

La privatizzazione dei beni e dei servizi pubblici e la mercificazione dei mezzi di sostentamento dei poveri altro non sono che un vero e proprio furto ai danni della sicurezza economica e culturale dei popoli. Milioni di persone deprivate della loro identità e della possibilità di provvedere dignitosamente alla loro esistenza vengono indotte a ricorrere all'estremismo, al terrorismo e al fondamentalismo religioso. Queste ideologie identificano l'altro con il nemico e rivendicano un'identità esclusiva per poter sfuggire a una realtà alla quale rimangono invece ecologicamente, culturalmente ed economicamente connesse. Il loro tentativo di sottrarsi si traduce in un comportamento antagonistico e cannibale. L'ascesa dell'estremismo e del terrorismo è un fenomeno direttamente imputabile alle nuove forme di recinzione o privatizzazione introdotte dal colonialismo della globalizzazione economica. Così come il cannibalismo di polli e maiali soggetti a un allevamento intensivo si sconfigge con il ricorso a metodi più naturali, anche il terrorismo, l'estremismo e le ideologie che invocano la pulizia etnica e l'intolleranza religiosa vanno affrontati come aberrazioni prodotte dalla globalizzazione economica, patologie che si possono sanare soltanto democratizzando la realtà globale.

La privatizzazione genera esclusione, e l'esclusione è il prezzo che la globalizzazione economica cerca di occultare. Le nostre azioni di protesta contro la biopirateria del neem, del riso basmati e del grano hanno saputo raggiungere l'obiettivo che si erano preposte, ottenendo un riconoscimento del nostro patrimonio biologico e intellettuale come bene comune. La lotta vittoriosa delle donne di Plachimada, una piccola comunità tribale dello stato indiano del Kerala, contro la più grande multinazionale del mondo, Coca-Cola, costituisce un esempio tra i più significativi delle potenzialità dei movimenti democratici emergenti.

I nuovi diritti sulla proprietà intellettuale privatizzano un patrimonio comune di natura biologica, intellettuale e digitale. La privatizzazione ci depriva anche delle nostre risorse idriche. Ogni bene comune privatizzato comporta la dislocazione e la perdita d'autonomia di molti soggetti umani, l'arricchimento di una minoranza a scapito di un generale aumento della povertà. La dislocazione forzata produce precarietà, e nelle sue forme più estreme può arrivare a negare anche i più elementari diritti alla vita. Con la diffusione delle sementi geneticamente modificate e degli aborti indotti per selezionare il sesso dei nascituri, assistiamo alla progressiva scomparsa di un numero crescente di piccoli agricoltori e di donne. L'entità e il tasso di sviluppo di questo fenomeno sono direttamente proporzionali alla "crescita economica" imposta dai promotori della globalizzazione neoliberista. Per fortuna però, queste forme di genocidio brutale non costituiscono l'unica e incontrastata tendenza della storia contemporanea.

Un futuro diverso ha preso forma per le strade di Seattle e Cancun, nelle case e nelle comunità agricole di tutto il mondo. Un futuro che si basa sul principio di inclusione, anziché di esclusione; sulla non violenza e sulla difesa del pianeta come bene comune, anziché come territorio da recintare; su una libera condivisione delle risorse terrene, anziché sulla loro privatizzazione e monopolizzazione. Il movimento democratico globale deriva da un'esperienza collettiva di dialogo e solidarietà, di pluralismo e cooperazione, di confronto e di scambio tra le diversità. Questa è l'alternativa democratica a piani economici quali il "Progetto per il nuovo secolo americano",* un piano di sviluppo definito a porte chiuse e condizionato dalla mentalità angusta delle multinazionali. Le nostre proposte si qualificano infatti come portato della nostra autonomia organizzativa, di identità profondamente radicate nello specifico delle realtà locali, della nostra molteplicità e diversità. Il nostro intervento non si limita a prendere in considerazione gli interessi del genere umano, ma si estende alla tutela di tutte le forme di vita che popolano il pianeta. È qualcosa di più dell'organizzazione della prossima protesta o del prossimo Social forum: è quanto intendiamo fare quotidianamente, nella vita di tutti i giorni, per modificare la realtà globale attraverso un impegno individuale e radicato nel tessuto delle nostre realtà locali. I cambiamenti che riusciamo a ottenere possono sembrare di poco conto, ma l'impatto che producono sarà determinante per le sorti del pianeta e dell'umanità. Essi mirano infatti a contrastare la logica violenta e autodistruttiva perpetrata dalle culture, dalle economie e dalle politiche di morte, per sostituirla con nuovi modelli di sviluppo economico, politico e culturale fondati sulla non violenza e sulla creatività che promuovono, valorizzano e sostengono la vita.

Il progetto di costituire una democrazia della comunità terrena non deve essere inteso come un'astrazione, ma come l'insieme delle pratiche specifiche dei popoli che reclamano i loro beni comuni, le loro risorse e il diritto di vivere liberi e in pace, preservando la loro identità e la loro dignità. Poiché si tratta di una realtà multiforme e composita, ho scelto di soffermarmi su

* Il Pnac è un *think-tank* americano con sede a Washington, fondato negli anni novanta, al centro dell'elaborazione delle strategie "neocons" di politica estera statunitense.

alcuni esempi significativi dei progetti politici, economici e culturali che concorrono a costituirla. Queste tre dimensioni della politica, dell'economia e della cultura sono ovviamente inseparabili. I modelli economici che adoperiamo per produrre e scambiare beni e servizi sono condizionati dai valori della nostra cultura e dal nostro sistema politico. Anche lo sviluppo di un modello economico alternativo si verifica pertanto in sinergia con l'elaborazione di una nuova cultura e di nuove istituzioni più democratiche.

Le economie che apportano la vita sono i luoghi e le pratiche in cui le risorse comuni vengono condivise equamente, per provvedere al fabbisogno di cibo e di acqua e per conferire un senso all'esistenza dei singoli e della comunità. Il movimento democratico globale sorge dalla consapevolezza di essere radicati nello specifico di una realtà locale che tuttavia interagisce con la realtà globale del pianeta, per non dire dell'universo intero. Si tratta di un modello di sviluppo planetario che non può fondarsi sulla speculazione finanziaria o sul trasferimento immotivato di beni e servizi, ma sui principi dell'ecologia e della solidarietà. Un'economia globale che tiene conto dei limiti imposti dall'ecologia non può che valorizzare la produzione locale, per ridurre gli sprechi di risorse umane e naturali. E solamente quelle economie che adottano un modello di sviluppo ecologico possono diventare delle economie che apportano la vita, in grado di assicurare un futuro sostenibile. I nostri piani di sviluppo non possono essere condizionati dalla logica aziendale dei profitti trimestrali, come pure dalle scadenze quadriennali o quinquennali dei politici. Occorre considerare ben altro, perché il futuro coinvolge l'evoluzione di tutte le forme di vita terrene e il benessere di tutti gli individui che compongono la nostra famiglia, la nostra comunità e l'intera società umana. La tutela dell'ecologia costituisce un obiettivo prioritario perché la nostra identità principale è proprio quella ecologica. Noi siamo ciò che mangiamo, l'acqua che beviamo, l'aria che respiriamo. La nostra libertà non può prescindere dal diritto a un controllo democratico del cibo, dell'acqua e della nostra sopravvivenza ecologica.

Le democrazie che tutelano la vita sono gli spazi e gli strumenti politici necessari per riconquistare le nostre libertà fondamentali, per difendere i nostri diritti e per espletare i nostri doveri e le nostre responsabilità comuni: proteggere la terra, difendere la pace e promuovere la giustizia sociale. I fautori della globalizzazione economica sostengono che il libero mercato promuove uno sviluppo della democrazia. In realtà, le multinazionali distruggono la democrazia in ogni sua forma, a ogni livello. La privatizzazione delle risorse comuni rappresenta l'effetto negativo più evidente, perché cancella le democrazie di base proprio come la recinzione delle terre provocò la scomparsa delle comunità contadine in Inghilterra. Ma anche gli stessi accordi economici che promuovono la globalizzazione non vengono decisi democraticamente, poiché sono sanciti e imposti da organizzazioni come la Banca mondiale, il Wto o il Fondo monetario internazionale a prescindere dalla volontà delle comunità e dei paesi direttamente coinvolti. Le multinazionali che controllano la globalizzazione indeboliscono le istituzioni democratiche dei paesi in cui operano, perché le loro decisioni vengono prese scavalcando le istituzioni parlamentari e i singoli cittadini. Qualsiasi governo appena eletto, indipendentemente dall'orientamento politico, si trova costretto ad approvare una serie di riforme economiche di stampo neoliberista. L'attuale processo di globalizzazione rende impossibile lo sviluppo di un'economia democratica, configurandosi come una vera e propria dittatura economica delle multinazionali.

Quando una dittatura economica indebolisce le istituzioni democratiche di una nazione, si assiste anche alla crescita di pericolosi fenomeni quali il fondamentalismo religioso e l'estremismo di destra. Ecco allora che la globalizzazione non provoca soltanto una crisi della democrazia, ma anche l'avvento di una democrazia di morte che ricorre all'odio, al terrore e alla discriminazione sociale per ottenere voti e potere.

Impegnarsi in un progetto di democratizzazione ecologica e sociale significa, al contrario, concepire e progettare delle democrazie che tutelino la vita assicurando a tutti la possibilità di esprimersi su questioni fondamentali come il cibo, che mangiamo o che ci viene negato, come l'acqua, che beviamo o che ci viene sottratta perché è stata inquinata o privatizzata, come l'aria, che respiriamo o che forse ci avvelena. Le democrazie che tutelano la vita si fondano sul riconoscimento del valore intrinseco di tutte le specie, di ogni popolo e di ogni cultura, sull'equa ripartizione delle risorse terrene e sulla comune gestione di tali risorse.

Le culture che valorizzano la vita sono spazi in cui possiamo configurare ed esprimere valori, convinzioni politiche o religiose, pratiche e tradizioni diverse, pur restando in sintonia profonda con la nostra identità comune e universale di esseri umani che condividono la terra, l'acqua e l'aria con tutte le altre specie. Tali culture si fondano sulla non violenza e sulla solidarietà, sul pluralismo e sull'uguaglianza, sul rispetto della giustizia, della diversità e della vita in tutte le sue forme.

Una cultura che cresce in seno a un'economia che protegge la vita trova spazio per tutti gli esseri viventi, senza distinzioni di sesso, etnia, religione o specie. Essa esprime un radicamento profondo alla terra e alle specificità del luogo in cui si origina, ma anche un sentimento di solidarietà per tutto il genere umano, una coscienza universale che nasce dal sentirsi parte di un'unica famiglia terrena. Le culture che valorizzano la vita si fondano sulla compresenza di molte identità. La nostra identità terrena è data al tempo stesso dall'esperienza concreta della realtà in cui viviamo – della quotidianità del lavoro e del riposo, del gioco e del pianto – e dalla globalità delle pratiche che ci correlano al resto del mondo.

"Ogni cosa è correlata," come insegna capo Seattle. Noi esistiamo in rapporto con la terra, localmente e globalmente. Le culture che valorizzano la nostra identità terrena ci insegnano a seguire dei criteri di sviluppo ecologicamente compatibili. Soltanto ricordandoci di essere cittadini della terra e figli di questo pianeta possiamo riscoprire la nostra identità comune e superare le scissioni profonde, l'intolleranza, l'odio e il terrore provocati dalle privatizzazioni, dalla polarizzazione del mondo e dagli sconvolgimenti introdotti dalla globalizzazione economica.

Le culture indigene che credono in una convivenza pacifica delle specie e dei popoli, nel rispetto delle differenze biologiche e culturali dei singoli percorsi evolutivi, sono ancora vive nella nostra memoria collettiva e ci aiutano a concretizzare il progetto di una democrazia della comunità terrena. Il principio di interconnessione e inseparabilità su cui si fonda questa antica visione viene ribadito anche, in maniera significativa, dalla scienza contemporanea: si pensi alla teoria dei quanti, al continuum spazio-temporale della relatività generale, o alla complessità delle strutture degli organismi viventi.

In tempi più recenti, questa visione del mondo si è espressa attraverso i valori, le prospettive e le azioni dei movimenti impegnati a perseguire la pace, la giustizia e la sostenibilità. Viviamo in un'epoca in cui l'asservimento della democrazia agli interessi del capitalismo globale ha generato nuove paure, nuove insicurezze, nuovi fondamentalismi e nuove manifestazioni di violenza. In India e negli Stati Uniti, le elezioni del 2004 hanno evidenziato come la disoccupazione e il diffondersi della povertà possano costituire un terreno fertile per l'ascesa del fondamentalismo religioso, un'ideologia che semina discordia e fa leva sulle differenze culturali per distogliere l'attenzione da quei valori che invece possono unirci: il lavoro, l'ambiente, i diritti umani, la nostra comune appartenenza all'umanità.

Concepire la Terra come una grande comunità democratica ci aiuta invece a riappropriarci della nostra identità di esseri umani e delle correlazioni che ci uniscono a tutte le altre specie. Questa visione del mondo rispetta la sacralità della vita in tutto il vivente, senza distinzioni di classe, casta, genere o religione, e ci insegna a sconfiggere l'avidità e la violenza subordinando i nostri interessi individuali a quelli della famiglia terrena. Privatizzare l'acqua o introdurre dei brevetti sulla vita diventa allora impensabile, perché tutti gli esseri viventi hanno il diritto di vivere e sostentarsi. Se la famiglia terrena riconosce, come capo Seattle, che "ogni cosa respira all'unisono, l'albero, l'animale e l'uomo" e che " l'aria condivide il suo spirito con tutte le creature viventi", essa non consentirà più a una parte della comunità internazionale di alterare il clima, di impadronirsi delle risorse atmosferiche comuni e di produrre il 36 per cento dell'inquinamento da anidride carbonica mondiale, a scapito dei diritti delle altre specie e degli altri popoli.

Conservare gli equilibri ecologici necessari per la sopravvivenza del nostro pianeta e difendere i diritti umani fondamentali come quello all'acqua, al cibo, alla salute, all'istruzione, al lavoro e a un'esistenza dignitosa: questo è l'impegno di una visione democratica e comunitaria che riconosce l'importanza della vita e la rispetta in tutte le specie e in tutti i popoli.

Negli ultimi trent'anni, la mia adesione a questa concezione del mondo si è tradotta in un impegno concreto all'interno dei movimenti che lottano per un'affermazione universale dei diritti umani e di quei movimenti ecologisti e animalisti che riconoscono il valore intrinseco di tutte le specie. La difesa dell'umanità non può prescindere da quella delle altre specie, perché soltanto una comunità terrena unita e solidale può costituire un'alternativa reale a una globalizzazione economica che riconosce soltanto i diritti delle multinazionali e trasforma gli esseri viventi in materie prime da poter sfruttare o in rifiuti facilmente eliminabili.

Sentirsi parte della comunità terrena significa entrare in sintonia con la fluidità della vita, che si rinnova e si rigenera costantemente. Significa percepire la continuità del vivente, dalla nostra esistenza quotidiana a quella dell'universo, e comprendere il significato universale della nostra epoca, della simultanea interazione di diverse realtà. La comunità terrena deve pulsare in armonia con le potenzialità infinite di un universo in continua espansione, anche quando si trova ad affrontare minacce che mettono a rischio la sopravvivenza stessa della nostra specie. Essa custodisce le nostre speranze nei momenti più critici; ci lascia intravedere la pace in un mondo di guerre senza fine; ci induce ad amare la vita appassionatamente e con coraggio nonostante i messaggi di odio e morte veicolati dai media e dai gruppi di potere.

Principi costitutivi di una democrazia della comunità terrena

1. Tutte le specie, tutti gli esseri umani e tutte le culture possiedono un valore intrinseco

Tutti gli esseri viventi sono soggetti dotati di intelligenza, integrità e di un'identità individuale. Non possono essere ridotti al ruolo di proprietà privata, di oggetti manipolabili, di materie prime da sfruttare o di rifiuti eliminabili. Nessun essere umano ha il diritto di possedere altre specie, altri individui, o di impadronirsi dei saperi di altre culture attraverso brevetti o altri diritti sulla proprietà intellettuale.

2. La comunità terrena promuove la convivenza democratica di tutte le forme di vita

Siamo membri di un'unica famiglia terrena, uniti gli uni agli altri dalla fragile ragnatela della vita del pianeta. Pertanto è nostro dovere assumere dei comportamenti che non compromettano l'equilibrio ecologico della Terra, nonché i diritti fondamentali e la sopravvivenza delle altre specie e di tutta l'umanità. Nessun essere umano ha il diritto di invadere lo spazio ecologico di altre specie o di altri individui, né di trattarli con crudeltà e violenza.

3. Le diversità biologiche e culturali devono essere difese

Le diversità biologiche e culturali hanno un valore intrinseco che deve essere riconosciuto. Le diversità biologiche sono fonti di ricchezza materiale e culturale che pongono le basi per la sostenibilità. Le differenze culturali sono portatrici di pace. Tutti gli esseri umani hanno il dovere di difendere tali diversità.

4. Tutti gli esseri viventi hanno il diritto naturale di provvedere al loro sostentamento

Tutti i membri della comunità terrena, inclusi gli esseri umani, hanno il diritto di provvedere al loro sostentamento: hanno diritto al cibo e all'acqua, a un ambiente sicuro e pulito, alla conservazione del loro spazio ecologico. Le risorse vitali necessarie per il sostentamento non possono essere privatizzate. Il diritto al sostentamento è un diritto naturale perché equivale al diritto alla vita. È un diritto che non può essere accordato o negato da una nazione o da una multinazionale. Nessun paese e nessuna multinazionale ha il diritto di vanificare o compromettere questo genere di diritto, o di privatizzare le risorse comuni necessarie alla vita.

5. La democrazia della comunità terrena si fonda su economie che apportano la vita e su modelli di sviluppo democratici

La realizzazione di una democrazia della comunità terrena presuppone una gestione democratica dell'economia, dei piani di sviluppo che proteggano gli ecosistemi e la loro integrità, provvedano alle esigenze di base di tutti gli esseri umani e assicurino loro un ambiente di vita sostenibile. Una concezione democratica dell'economia non prevede l'esistenza di individui, specie o culture eliminabili. L'economia della comunità terrena è un'economia che apporta nutrimento alla vita. I suoi modelli sono sempre sostenibili, differenziati, pluralistici, elaborati dai membri della comunità stessa al fine di proteggere la natura e gli esseri umani e operare per il bene comune.

6. Le economie che apportano la vita si fondano sulle economie locali

Il miglior modo di provvedere con efficienza, attenzione e creatività alla conservazione delle risorse terrene e alla creazione di condizioni di vita soddisfacenti e sostenibili è quello di operare all'interno delle realtà locali. Localizzare l'economia deve diventare un imperativo ecologico e sociale. Si dovrebbero importare ed esportare soltanto i beni e i servizi che non possono essere prodotti localmente, adoperando le risorse e le conoscenze del luogo. Una democrazia della comunità terrena si fonda su delle economie locali estremamente vitali, che sostengono le economie nazionali e globali. Un'economia globale democratica non distrugge e non danneggia le economie locali, non trasforma le persone in rifiuti eliminabili. Le economie che sostengono la vita rispettano la creatività di tutti gli esseri umani e producono contesti in grado di valorizzare al massimo le diverse competenze e capacità. Le economie che apportano la vita sono differenziate e decentralizzate.

7. La democrazia della comunità terrena è una democrazia che tutela la vita

Una democrazia che tutela la vita si fonda sul rispetto democratico di ogni forma vivente e su un comportamento democratico da adottare già a partire dalla quotidianità. Ogni soggetto coinvolto ha il diritto di partecipare alle decisioni da prendere in merito al cibo, all'acqua, alla sanità e all'istruzione. Una democrazia che tutela la vita cresce dal basso verso l'alto, al pari di un albero. La democrazia della comunità terrena si fonda sulle democrazie locali, lasciando che le singole comunità costituite nel rispetto delle differenze e delle responsabilità ecologiche e sociali abbiano pieni poteri decisionali riguardo all'ambiente, alle risorse naturali, al sostentamento e al benessere dei loro membri. Il potere viene delegato ai livelli esecutivi più alti applicando il principio della sussidiarietà. La democrazia della comunità terrena si fonda sull'autoregolamentazione e sull'autogoverno.

8. La democrazia della comunità terrena si fonda su culture che valorizzano la vita

Le culture che valorizzano la vita promuovono la pace e creano degli spazi di libertà per consentire il culto di religioni diverse e l'espressione di diverse fedi e identità. Tali culture lasciano che le differenze culturali si sviluppino proprio a partire dalla nostra umanità e dai nostri comuni diritti in quanto membri della comunità terrena.

9. Le culture che valorizzano la vita promuovono lo sviluppo della vita stessa

Le culture che valorizzano la vita si fondano sul riconoscimento della dignità e sul rispetto di ogni forma di vita, degli uomini e delle donne di ogni provenienza e cultura, delle generazioni presenti e di quelle future. Sono culture ecologiche che non producono stili di vita distruttivi o improntati al consumismo, basati sulla sovrapproduzione, sullo spreco o sullo sfruttamento eccessivo delle risorse naturali. Le culture che valorizzano la vita sono molteplici, ma ispirate da un comune rispetto per il vivente. Riconoscono la compresenza di identità diverse che condividono lo spazio comune della comunità locale e danno voce a un sentimento di appartenenza che correla i singoli individui alla terra e a tutte le forme di vita.

10. La democrazia della comunità terrena promuove un sentimento di pace e solidarietà universale

La democrazia della comunità terrena unisce tutti i popoli e i singoli individui sostenendo valori quali la cooperazione e l'impegno disinteressato, anziché separarli attraverso la competizione, il conflitto, l'odio e il terrore. In alternativa a un mondo fondato sull'avidità, sulla diseguaglianza e sul consumismo sfrenato, questa democrazia si propone di globalizzare la solidarietà, la giustizia e la sostenibilità.

1.
Economie che apportano la vita

> La Terra possiede risorse sufficienti per provvedere ai bisogni di tutti, ma non all'avidità di alcuni.
>
> *Mahatma Gandhi*[1]

"Economia" deriva dal greco *oikos*, che significa casa. Per casa si intende il luogo di nascita, dove si cresce e si viene accuditi. Secondo Mathew Fox: "La nostra vera casa è l'universo intero".[2] E per Robert Frost: "La tua casa è quel luogo dove, quando decidi di tornare, troverai sempre qualcuno che ti accoglie".[3] La casa è dove c'è sempre un posto a tavola pronto per te e dove sai di poter condividere il cibo che verrà servito. Appartenere a una casa, a un nucleo familiare, significa avere accesso alla vita. Com'è possibile che i sistemi economici contemporanei si siano trasformati in luoghi così poco accoglienti? Luoghi che invece di invitarci a entrare ci sbarrano l'ingresso, negandoci così non soltanto una casa, ma anche il diritto al sostentamento, alla stabilità e in ultima istanza alla vita.

Il sistema economico dominante è stato definito in molti modi: economia di mercato, economia globale, globalizzazione economica, capitalismo e altri ancora. Ma tali termini non rendono conto del fatto che l'economia dominante è soltanto uno dei tre sistemi di sviluppo economico esistenti al mondo. Una concezione democratica della realtà globale prevede che ogni essere vivente possa accedere alle risorse naturali necessarie per la sua sopravvivenza. Tale accesso si garantisce riconoscendo l'importanza delle altre due dimensioni dell'economia: le economie della natura e della sussistenza.

L'economia del libero mercato globale che domina le nostre vite è fondata su regole che generano povertà, e in questo modo negano l'accesso alla sussistenza e a una prospettiva di vita dignitosa. Tale povertà deriva dalla distruzione delle economie della natura e della sussistenza, che dovrebbero nutrire, preservare e rinnovare la vita. La globalizzazione e il libero mercato privatizzano le risorse comuni necessarie per la sopravvivenza, e così facendo riducono drasticamente la possibilità di sviluppare qualsiasi attività creativa e produttiva. La logica di morte della globalizzazione economica impone di anteporre gli interessi delle multinazionali a quelli degli esseri viventi, la speculazione finanziaria alla tutela della vita.

La diseguaglianza perpetrata dal colonialismo, gli accordi del Wto e i falsi modelli di sviluppo fondati sulla schiavitù dei debiti imposti dal Fondo monetario internazionale e dalla Banca mondiale hanno acuito la contrapposizione tra Nord e Sud del mondo. Ma il conflitto economico dei nostri tempi non riguarda soltanto gli interessi contrastanti di paesi ricchi e paesi poveri, bensì la scelta tra un'economia globale portatrice di distruzione e di morte e delle economie che alimentano la vita. Nella nostra epoca, l'alternativa che ci viene posta non è più quella tra "avere o non avere", ma tra "continuare a esistere o scomparire".

Le tre economie

Per quali ragioni il modello economico dominante non riesce a soddisfare i bisogni di così tanti popoli e comunità? Com'è possibile che lo sviluppo, misurato nei termini della crescita economica, provochi anche un aumento della povertà, della fame e della sete? Le catastrofi ecologiche e il numero di individui dislocati, destituiti e abbandonati alla loro sorte aumentano, insieme alla crescita economica, per due ragioni. In primo luogo, perché l'economia dominante conferisce visibilità soltanto al mercato e ai grandi capitali. In secondo luogo, perché di conseguenza i diritti legali delle multinazionali si moltiplicano a scapito dei diritti dei singoli individui e delle comunità.

L'economia dominante si concentra soltanto sull'andamento del mercato, trascurando le economie della natura e della sussistenza da cui pure dipende. La sua visione distorta fa risaltare la speculazione finanziaria e nasconde conseguenze negative ben più rilevanti, quali l'esaurimento delle risorse naturali e l'impoverimento dei popoli.

Lo scambio di beni e servizi caratterizza da sempre le società umane, ma l'assunzione del mercato a principio organizzativo dominante della nostra società induce a trascurare le altre due fondamentali dimensioni dell'economia. Se l'attenzione si concentra esclusivamente sulla crescita del mercato, l'equilibrio ecologico e le condizioni di sopravvivenza diventano fattori invisibili e irrilevanti. L'economia di mercato non è in grado di riconoscere i bisogni della natura e di soddisfarli, perché essi non sono sostenuti da un potere d'acquisto adeguato. Per le stesse ragioni, anche i danni provocati dalla crescita del mercato tendono a essere occultati. Pensiamo soprattutto ai paesi in via di sviluppo, dove l'impoverimento della natura viene ignorato. Lo stesso accade per l'economia di sussistenza, che dovrebbe garantire la sopravvivenza biologica delle categorie più povere e marginalizzate. Al contrario, la globalizzazione di un'economia fondata sulla logica di mercato continua a generare nuove forme di povertà e sottosviluppo. Per poter comprendere le proposte politiche ed economiche alternative che i movimenti democratici emergenti hanno elaborato, dobbiamo chiarire il ruolo assunto dalle risorse naturali in ciascuna di queste tre forme di economia.

Lo sviluppo economico provoca l'esclusione e l'emarginazione di un numero crescente di individui. Le multinazionali tendono infatti a impadronirsi di quei diritti conquistati con fatica che dovrebbero garantire la tutela dei cittadini. Le regole del libero mercato tutelano la libertà delle multinazionali, mentre i singoli individui si ritrovano estromessi dalla vita politica ed economica del paese e sradicati dal loro rapporto con la natura. I dirigenti delle grandi imprese si nascondono dietro a un anonimo statuto aziendale per non assumersi le responsabilità dei danni causati. In questo modo, le multinazionali stesse diventano soggetti di diritto, sostituendosi a quei soggetti reali che hanno escluso e derubato. Una personificazione analoga viene applicata anche al mercato – basta osservare come i giornali dedichino più pagine alla "salute del mercato" che a quella del pianeta e dei suoi abitanti.

L'economia della natura

"Ecologia" proviene dalla stessa parola greca da cui deriva "economia". Entrambe rimandano alla dimensione della casa, dell'ambiente di vita. La logica di mercato tende invece a contrapporle, separando la sfera della natura da quella sociale, l'ecologia dall'economia. La natura viene definita tale quando è disabitata; pertanto la sua tutela si riduce a una conservazione del verde "selvaggio". Se lo sviluppo economico viene concepito esclusivamente come produzione di merci, la natura e le pratiche economiche di autosostentamento non sembrano avere una funzione produttiva.

Al contrario, l'economia della natura è il primo e fondamentale fattore di sussistenza su cui si fonda qualsiasi modello di sviluppo. La natura produce beni e servizi quali l'acqua che viene riciclata e distribuita attraverso il ciclo idrico, i microrganismi che rendono fertile il suolo, l'impollinazione che consente alle piante di riprodursi. L'ingegno e le capacità produttive degli esseri umani appaiono insignificanti in confronto all'economia della natura.

Le risorse naturali vengono prodotte e riprodotte attraverso un complesso sistema di processi ecologici. La natura è il più grande produttore del mondo, ma i suoi prodotti non sono e non possono essere riconosciuti come tali dall'economia di mercato perché non sono destinati a diventare merce e a generare profitti. Anche la produttività organica delle foreste e dei campi coltivati viene sottovalutata, perché si quantificano soltanto i prodotti commercializzabili. Vi sono aree di grande interesse e potenziale produttività, quali la produzione di humus delle foreste, la rigenerazione delle risorse idriche, l'evoluzione naturale dei prodotti genetici, il terreno fertile prodotto dall'erosione delle rocce, che l'economia di mercato si ostina a non vedere. Molti di questi processi produttivi dipendono da altri processi ecologici che nemmeno le scienze naturali hanno ancora pienamente compreso.

Attualmente, l'importanza del contributo economico della natura viene rivendicata soltanto dai movimenti ecologisti. L'economia dominante è talmente miope da mettere a repentaglio l'intero sistema di risorse naturali, con gravi perdite anche dal punto di vista della produttività. La logica di mercato tende infatti a sfruttare eccessivamente le risorse della natura e ad alterarne i meccanismi riproduttivi. Le conseguenze catastrofiche di un piano di sviluppo non si manifestano sempre in tempi brevi. In molti casi, i benefici immediati sono del tutto irrisori rispetto ai danni riscontrabili nel lungo periodo. Paradossalmente, anche la crescita economica può così diventare fonte di sottosviluppo. La minaccia ecologica e lo sfruttamento incontrollato delle risorse naturali a scopo di profitto sono fattori sintomatici di un modo di produrre ricchezza che contrappone l'economia di mercato a quella della natura.

L'economia di sussistenza: riaffermare la centralità dei soggetti umani

In un'economia finalizzata alla sussistenza, l'operato dei singoli individui è finalizzato a procurare direttamente i mezzi necessari al mantenimento. Questa è l'economia di base che rende possibile la riproduzione e lo sviluppo delle altre attività umane. In una concezione patriarcale della divisione del lavoro, per esempio, le donne hanno il compito di assicurare la riproduzione e le condizioni di sopravvivenza indispensabili per ogni altro tipo di attività produttiva, incluse quelle che caratterizzano in maniera più evidente le economie di mercato. Questa economia di sussistenza impegna due terzi della popolazione mondiale: i piccoli artigiani, i pescatori, i braccianti agricoli, le popolazioni indigene delle foreste e altri ancora. Qualsiasi attività produttiva che non altera l'equilibrio ecologico e che provvede alla sopravvivenza attraverso forme di cooperazione e di scambi reciproci può essere ricondotta alla sfera dell'economia di sussistenza.

Un'economia fondata sulla sussistenza può esistere anche a prescindere dall'economia di mercato. Al contrario, l'economia di mercato deriva necessariamente da un'economia di sussistenza che in seguito distrugge, perché non può riconvertirla nei termini delle transazioni commerciali. I profitti e l'accumulazione di capitale si traducono infatti in una crescita del disagio sociale. Gli aggiustamenti strutturali imposti dalla globalizzazione compromettono le pratiche di vita delle comunità coinvolte. Per poter mantenere le loro famiglie, le donne si trovano a dover svolgere contemporaneamente diversi incarichi di lavoro a tempo parziale, a lavorare più ore per guadagnare di meno. Con la privatizzazione del sistema sanitario, le famiglie devono farsi carico dei malati. Quanto più i mercati dipendono da una forza lavoro esterna, tanto più grave è l'attacco condotto a un'economia di sussistenza privata delle sue risorse.

La povertà dei paesi del Sud del mondo deriva da uno sfruttamento sistematico delle loro economie di sussistenza che si protrae da secoli. Privatizzando l'acqua, brevettando i semi e la biodiversità, affidando l'agricoltura al monopolio delle multinazionali, la globalizzazione non fa che accelerare e sviluppare ulteriormente questa pratica di svuotamento delle economie di sussistenza. Il carattere aggressivo e violento di tale modello di sviluppo si rivela proprio nella deliberata condanna alla morte per fame che colpisce le economie di sussistenza dei popoli coinvolti.

I modelli economici della modernità, fondati sui concetti di sviluppo e progresso e più recentemente sul paradigma della globalizzazione, appartengono soltanto a una minuscola parte della storia della produzione economica umana. Grazie alle economie di sussistenza, gli uomini hanno da sempre imparato a ricavare direttamente dalla natura le risorse necessarie per garantire la loro sopravvivenza. Se queste risorse naturali limitate vengono deviate dalla loro funzione originaria di salvaguardia della vita umana per diventare viceversa strumenti di crescita del mercato, l'economia di sussistenza non può che risultare compromessa. Anche in questo caso, l'economia di mercato si rivela dunque antitetica e incompatibile con la sopravvivenza. In un'economia di sussistenza, le risorse naturali vengono utilizzate per soddisfare i bisogni primari e garantire uno sviluppo sostenibile nel lungo periodo. Al contrario, l'economia di mercato tende a sfruttare indiscriminatamente le risorse della natura per incrementare i profitti e l'accumulo di capitali.

I mercati locali e l'economia di mercato

I mercati sono luoghi di scambio. Nei bazar, che in India rappresentano ancora una realtà diffusa, gli avventori si scambiano i prodotti che hanno coltivato o preparato personalmente. Si tratta dunque di una forma di mercato radicata nel tessuto sociale a cui appartiene. I mercati si fondano sulle relazioni interpersonali, su transazioni condotte faccia a faccia, e costituiscono di fatto un'estensione della società. Altra cosa è il mercato moderno, un luogo in cui la società scompare per lasciare posto al capitale e ai volti anonimi delle grandi imprese. Gli scambi tra persone reali, che vendono i frutti del loro lavoro per acquistare ciò di cui hanno bisogno, vengono sostituiti dalla mano astratta e invisibile del mercato.

Esistono dunque due tipi di mercato. I mercati radicati nel loro contesto sociale e naturale, che offrono delle opportunità di scambio, di incontro e di cultura, sono espressioni della cultura di un popolo e al tempo stesso luoghi di transazioni economiche, dove avventori reali comprano e vendono i frutti del loro lavoro in funzione dei loro bisogni concreti. Tali mercati sono molteplici e diretti, ovvero concepiti direttamente dagli individui per soddisfare le loro esigenze.

Il mercato prodotto dal capitale esclude invece i produttori reali. Gli spazi concreti di cultura e di scambio vengono sostituiti da meccanismi invisibili. I bisogni dei singoli lasciano il posto all'avidità, alla sete di profitto e al consumismo. Così il mercato mistifica la cruda realtà dei processi di accumulazione del capitale. È come una maschera dietro la quale si celano i detentori del potere economico e industriale. Questo è il mercato, incorporeo e decontestualizzato, che distrugge l'ambiente e le vite di chi lo popola.

L'affermazione del mercato come modello economico dominante

L'economia di mercato si impose grazie alla sua capacità di impadronirsi di un insieme di risorse estranee ai suoi ambiti. In particolare, la trasformazione delle terre da bene pubblico a proprietà privata, la cosiddetta "recinzione dei terreni comuni", costituì un fattore determinante. L'avidità e il potere dei "privateer" innescarono questo processo di privatizzazione, noto come "enclosure of the commons", recinzione delle terre comuni.[4] Il termine "recinzione" evidenzia il carattere concreto dell'esclusione della comunità dalle sue terre, che venivano "circondate da siepi, fossati o altre barriere per impedire il libero passaggio di uomini e animali".[5]

Le terre definite "comuni" appartenevano formalmente al feudatario, ma i contadini avevano il diritto di accedervi e di coltivarle. Tale diritto alla condivisione di una proprietà comune venne revocato per autorizzare le prime recinzioni. La privatizzazione dei terreni comuni ebbe inizio in Inghilterra nel Sedicesimo secolo e si intensificò con l'industrializzazione del settore tessile, che comportò un aumento costante della richiesta di lana. I proprietari terrieri, appoggiati da imprenditori, banchieri e commercianti, scacciarono i contadini per lasciar posto alle pecore. Adesso è la pecora che mangia l'uomo, scriveva Thomas More:

> Le vostre pecore, che di solito sono così dolci e si nutrono di così poco, ora, a quanto si riferisce, cominciano a essere così voraci e indomabili da mangiarsi financo gli uomini, da devastare, facendone strage, campi, case e città.[6]

Le recinzioni favorivano gli interessi dei proprietari terrieri, ma non quelli dei contadini più poveri. Un acro di terra arabile coltivata a grano poteva infatti produrre più di trecento chili di pane, mentre la sua trasformazione in pascolo serviva soltanto per allevare qualche pecora, circa novanta chili di carne di montone.[7] Tradotto nei termini di cibo e di sussistenza, questo sviluppo economico provocò in realtà una perdita di risorse. D'altra parte, i proprietari terrieri ne ricavarono un profitto nei termini di denaro. Un solo pastore adibito a custodire il gregge rendeva molto di più dell'affitto riscosso da decine di contadini. Il fatto che i contadini coltivassero il fondo per ricavarne cibo, foraggio e altre risorse indispensabili per la loro sopravvivenza non aveva alcuna importanza. Il profitto economico costituiva una ragione sufficiente per ampliare l'economia di mercato, a dispetto dei danni subiti dalle economie della natura e della sussistenza.

La recinzione dei terreni comuni ebbe luogo attraverso cinque processi determinanti:

1. il pubblico accesso a quelle risorse che erano di proprietà o di utilizzazione comune venne vietato;
2. il divieto di accedere ai beni comuni necessari per la sopravvivenza trasformò i contadini in una forza lavoro in balia delle esigenze del mercato;
3. l'esproprio delle terre comuni sancì la creazione della proprietà privata;
4. un'agricoltura differenziata, che provvedeva a molteplici esigenze e rivestiva molteplici funzioni, fu sostituita con delle monocolture intese a soddisfare unicamente la richiesta di materie prime e di beni commerciabili proveniente dal mercato;
5. tali processi determinarono anche una chiusura ideologica e culturale, l'affermazione di una visione distorta della realtà. Ancora oggi la recinzione delle terre comuni viene percepita come una fonte di progresso per tutto il genere umano. Davvero un bel progresso, derubare e destituire i poveri per attribuire ai ricchi nuovi diritti e nuovi privilegi esclusivi.

Si disse che le recinzioni provocavano "una crescita delle capacità produttive senza precedenti".[8] Senza dubbio, a patto di definire la produttività in base agli interessi dei ricchi e dei potenti, non certo dal punto di vista dei contadini. A patto di valutare i benefici nei termini di mercato e profitto, ignorando i dettami economici della natura e della sussistenza. I ricchi "si lamentavano per l'insubordinazione dei contadini, per le resistenze che opponevano allo sviluppo dei terreni da pascolo, per il fatto che le terre comuni frenavano l'aumento della produzione".[9] Eppure, con buona pace dei proprietari terrieri, le terre comuni non costituivano uno spreco. Si trattava al contrario di una fonte di risorse fondamentale per la comunità dei contadini, che grazie a esse potevano godere di una certa autonomia economica e decisionale.

L'affermazione dei valori connessi all'economia di mercato generò una visione del sociale in cui l'economia di sussistenza assunse un ruolo sempre più marginale. Quanto più il mercato garantiva ricchezza e potere politico ai potenti, tanto più questi continuavano a sottrarre ai poveri e a privatizzare i loro beni comuni. In questo modo, i poveri si trovarono non soltanto a essere deprivati delle risorse necessarie utili al loro sostentamento, ma anche a dover ricorrere al mercato per acquistare prodotti che un tempo producevano da soli.

> Quando il contadino veniva privato delle sue risorse... c'era ben poco che potesse continuare a fare secondo i vecchi modi. Provvedere ai suoi bisogni attraverso il suo stesso lavoro era fuori questione: i prodotti dovevano essere comperati già pronti da un'altra fonte. Quella fonte non poteva che essere un negozio.[10]

Un processo di privatizzazione analogo a quello delle terre comuni compromette oggi il libero accesso alla biodiversità, alle sementi e alle risorse idriche. I nuovi diritti sulla proprietà intellettuale e la privatizzazione dell'acqua trasformano delle risorse che tradizionalmente appartenevano alla comunità in beni privati. Ecco allora che i semi, le medicine e l'acqua devono essere acquistate a caro prezzo da giganti dell'industria genetica come Monsanto, che detiene i diritti sui brevetti, o dalle grandi multinazionali dell'acqua come Suez, Betchel e Vivendi. La trasformazione del patrimonio comune in proprietà privata nega il diritto alla sopravvivenza a vasti settori della società.

I beni comuni

I beni comuni sono risorse condivise, amministrate e utilizzate dalla comunità. I beni comuni incarnano un sistema di relazioni sociali fondate sulla cooperazione e sulla dipendenza reciproca. Le decisioni vengono prese in base a un insieme di principi e di regole precise. I membri della comunità si riuniscono, discutono democraticamente e infine deliberano, per esempio, in merito ai raccolti da seminare, alla quantità di bestiame da destinare a un pascolo, agli alberi da potare, a quali campi irrigare, in che periodo e attraverso quali canali. I beni comuni presuppongono dunque una gestione democratica del potere. Questo accadeva in Inghilterra ai tempi delle terre comuni e accade ancora in ogni società che adotta una gestione comunitaria del potere e delle sue risorse.

In India, l'equa ripartizione dei terreni si basava spesso su un sistema chiamato *bhaiachara*, che significa "alla maniera" (*achara*) "dei fratelli" (*bhai*). Lord Baden-Powell lo descrive nella sua indagine sulle proprietà terriere:

> Dopo aver studiato e suddiviso l'area disponibile in zone buone, poco fertili, migliori, ottime e via dicendo, i *Panchayat* [Consigli degli anziani del villaggio; *N.d.T.*] formavano dei lotti omogenei unendo strisce di terra di qualità diversa sparse per tutto il territorio. Ogni lotto così costituito veniva chiamato *baiwadi-bigha*, o *tauzi-bigha* – un'unità di misura artificiale, che non aveva niente a che vedere con le misure comuni. In seguito, ogni famiglia riceveva un insieme di lotti proporzionale al numero dei suoi membri... Ogni loro decisione era dettata dal desiderio di uguaglianza, dall'idea che ognuno dovesse ricevere in rapporto alle proprie necessità.[11]

Non tutti i villaggi *bhaiachara* suddividevano la terra in strisce da coltivare, ma la pratica era più diffusa in quelle regioni in cui le condizioni climatiche e ambientali erano ostili e imprevedibili. Disseminare la proprietà di ognuno per tutto il territorio incoraggiava la cooperazione e il lavoro collettivo.

> Gli appezzamenti di terra venivano deliberatamente sparpagliati per tutelare i singoli individui dalle incertezze della sorte, a condizione che cooperassero tra di loro... Condividendo i rischi e l'accesso alle risorse disponibili, i piccoli proprietari erano più motivati ad agire collettivamente. Questa suddivisione del terreno arabile fu introdotta di pari passo con una gestione collettiva dei pascoli, dei canali di irrigazione dei campi, dei pozzi e degli stagni.[12]

Chakravarty-Kaul, docente dell'università di Dehli, scrive che il termine *bhaiachara* veniva adoperato anche per quei villaggi che, seguendo un uso ancestrale, distribuivano la terra in base alla quantità di terreno arato, o per quelli in cui ogni famiglia poteva coltivare quanto più terreno possibile, purché non danneggiasse gli altri membri della comunità. Il fattore comune a queste varie forme di *bhaiachara* era l'affitto, che veniva sempre pagato in proporzione alla quantità di terreno che ogni famiglia aveva effettivamente coltivato.[13]

Terra nullius

Le culture fondate sulla sostenibilità possono essere molto diversificate, ma quasi tutte concepiscono la terra come *terra mater*. I doni della natura vengono accolti con gratitudine e ricambiati attraverso stili di vita ecologici e cosmologie geocentriche. La concezione colonialista della terra come elemento passivo e la conseguente definizione di un tipo di terra colonizzabile in quanto *terra nullius*, terra di nessuno, mirava invece a un duplice obiettivo: negare l'esistenza delle popolazioni indigene e dei loro diritti e oscurare l'importanza dei processi rigenerativi della terra. In questo modo, l'affermazione della proprietà privata attraverso le recinzioni e lo sfruttamento delle risorse dovevano apparire non soltanto legittimi, ma anche portatori di sviluppo e progresso. Le recinzioni miglioravano la vita – quella del proprietario terriero e del colonizzatore.

In Australia, i coloni giustificarono l'appropriazione dell'intero continente e delle sue risorse dichiarandolo *terra nullius*, disabitato. Si trattava di un modo davvero semplice di legittimare la privatizzazione di una terra comune – bastava negare l'esistenza dei suoi abitanti. Analogamente, i coloni americani motivarono gli espropri sostenendo che le popolazioni indigene non erano in grado di "migliorare" la loro terra. Così scriveva John Winthrop, primo governatore della Massachusetts Bay Colony, nel 1669:

> I nativi del New England non recintano i campi, non costruiscono insediamenti stabili e non allevano bestiame per migliorare la terra. Pertanto essi possiedono unicamente un diritto naturale su questi territori. Se concediamo loro quanto basta per provvedere ai loro bisogni, possiamo legittimamente prenderci il resto.[14]

Come già ho scritto in *Biopirateria. Il saccheggio della natura e dei saperi locali*,[15] la logica delle terre di nessuno viene oggi estesa alla "vita di nessuno". Lo stesso approccio legittima infatti l'appropriazione della biodiversità: le sementi, le piante curative e le conoscenze mediche sottratte ai loro possessori e ideatori originari vengono considerate come "natura", mentre l'ingegneria genetica diventa l'unica forma di sviluppo o "miglioramento" possibile. Rifiutandosi di riconoscere l'esistenza di qualsiasi pratica d'uso esterna al mercato, i potenti si arrogano il diritto di recintare i fiumi, come accade con il progetto di raccordo interfluviale indiano, o di impadronirsi dell'acqua per imbottigliarla o preparare bevande come la Coca-Cola e la Pepsi.

Le recinzioni delle terre comuni britanniche

I territori che la corona britannica decise di dichiarare incolti e di nessuno erano in realtà delle terre comuni particolarmente produttive. Le comunità contadine le adoperavano come pascoli per il loro bestiame, ne ricavavano i materiali necessari per costruire le abitazioni, la paglia per i tetti e per intrecciare le ceste, la legna da ardere, e varie forme di nutrimento come la selvaggina, i pesci, i frutti selvatici e le noci. Queste terre consentivano a un vasto numero di piccoli agricoltori di sostentarsi grazie al diritto di accesso alle risorse comuni. Esse offrivano inoltre un rifugio ai contadini più poveri e senza terra che emigravano dai sovraffollati villaggi a campo aperto delle regioni dedicate alla coltura del grano.[16]

Le foreste subirono una sorte analoga a quella dei pascoli. La corona se ne impadronì, nonostante i contadini vantassero dei diritti comuni su quelle risorse. Con l'aumento della richiesta di materie prime connesso agli sviluppi dell'economia capitalista, venne attuata una politica di deforestazione. I contadini dovettero così rinunciare ai loro diritti comuni, mentre la corona e l'aristocrazia terriera recintarono i terreni disboscati trasformandoli in appezzamenti agricoli da affittare a prezzi vantaggiosi.

La lotta per il controllo delle terre comuni provocò una serie di conflitti tra contadini e proprietari terrieri. Tra il 1628 e il 1631, gruppi di contadini assaltarono e distrussero ripetutamente le recinzioni. La ribellione dilagò quasi ovunque, coinvolgendo vaste zone del territorio britannico.

Secondo la Common Law britannica, la recinzione di un terreno comune richiedeva il consenso unanime dell'intera comunità. Nessuna autorità poteva arrogarsi il diritto di espropriare e recintare queste terre. Un solo voto contrario bastava a sospendere il provvedimento. Si trattava di un diritto inalienabile e fondamentale, che venne difeso strenuamente:

> Vi sfido a recintare anche un solo metro quadro di terra. Sfido tutti voi: riunitevi pure nei vostri tribunali, approvate tutte le risoluzioni che volete, io le respingerò. Perché ho il diritto di far pascolare le mie bestie ovunque in questo campo. La legge mi concede questo diritto e il mio re lo tutela.[17]

Invece, questi diritti inalienabili e questi esempi di democrazia diretta furono spazzati via dal potere del denaro. Incalzato dagli interessi economici dei potenti, il Parlamento promulgò dei decreti che legittimavano il cambiamento di proprietà e di gestione delle terre comuni.

Tra il 1770 e il 1830, il Parlamento inglese approvò 3280 provvedimenti che autorizzavano le recinzioni. In seguito a tali provvedimenti, "sei milioni di acri di terre comuni, campi aperti, prati, paludi, foreste e territori 'incolti' e disabitati, che fino a quel momento venivano considerati come patrimonio pubblico, furono consegnati a mani private che li circondarono di siepi e recinti per coltivarli, adibirli al pascolo, o trasformarli in territori di caccia e soddisfare così i propri interessi privati".[18]

Una porzione di territorio pubblico quasi altrettanto vasta fu recintata senza nemmeno interpellare il Parlamento. Alla fine degli anni trenta, più di metà del territorio inglese apparteneva ai privati.

Dai beni comuni alle merci: il colonialismo come politica di recinzione

Le recinzioni non costituiscono un episodio isolato e circoscritto della storia britannica. Al contrario, esse caratterizzano tutte le fasi di sviluppo di un continuo processo di colonizzazione. In Africa come in Asia e nelle due Americhe, il colonialismo ha creato la proprietà privata impadronendosi dei territori pubblici e costringendo le popolazioni indigene a emigrare e rinunciare alle loro colture.

La politica inglese di disboscamento e recinzione dei territori fu replicata nelle colonie indiane. Il primo decreto sulle foreste indiane, approvato dal Consiglio legislativo supremo nel 1865, autorizzava il governo a trasformare le foreste e le *benap* (terre non perimetrate) in riserve forestali. Questo provvedimento, che segna l'inizio della cosiddetta "conservazione scientifica" delle foreste, consentì di prosciugare la fertilità dei boschi e di sottrarre alle popolazioni indigene il diritto di accesso a tali risorse. Anche se tecnicamente le foreste rimanevano di proprietà dello stato, le riserve trasformavano un bene comune in merce, proprio come era accaduto con le recinzioni. Lo stato si limitava a svolgere una funzione di mediatore all'interno del processo di privatizzazione.

Nella sola provincia del Bengala, le terre che l'Impero britannico definì "improduttive" ammontavano a quasi metà dell'intero territorio. Ovviamente, il giudizio coloniale di improduttività non dipendeva dalla fertilità biologica del terreno, ma dalla sua capacità di generare un rendimento economico. Tutte le terre non coltivate, incluse le foreste, vennero definite improduttive. Il governo inglese le espropriò e le diede in affitto ai contadini, che le convertirono in fonti di profitto. Le foreste continuarono a essere classificate come terreni improduttivi fino alla fine del Diciannovesimo secolo, quando anche le loro risorse si trasformarono in merce. I pascoli e i boschi confinanti con i villaggi furono definiti improduttivi anche in seguito, perché lo stato non ne traeva alcun reddito. In realtà, le comunità agricole locali dipendevano dalle loro preziose risorse, come la legna da ardere e il foraggio.

Applicando questa classificazione della terra nei termini di produttività economica, la politica coloniale provocò anche un impoverimento ecologico del territorio. La terra trascurata o coltivata male, a causa del disinteresse e dell'incompetenza del governo e della società, perdeva infatti la sua produttività biologica. Ecco allora che alcune terre effettivamente improduttive si possono trovare anche all'interno di aree contrassegnate come riserve forestali, di tenute agricole private, o anche di territori comuni utilizzati per ricavare legna da ardere e foraggio.

Nel periodo coloniale, i contadini venivano costretti a coltivare la pianta dell'indaco invece del cibo. Il sale veniva tassato per finanziare l'esercito britannico e lo stato monopolizzava le foreste per i suoi scopi commerciali. Nelle aree rurali, tali pratiche provocarono una progressiva erosione dei diritti di usufrutto (*nistar*) dei contadini: del diritto al cibo, alla legna da ardere, a far pascolare il bestiame nei terreni comuni. La perdita di questi diritti sulle foreste, sui boschetti sacri e anche sulle terre cosiddette "improduttive" è ciò che ha causato l'estremo impoverimento delle comunità contadine indiane.

Dopo aver usurpato il territorio, il governo coloniale decise di elaborare anche un sistema di tassazione pubblica. Qualcuno doveva pur essere tassato. Prima dell'insediamento britannico, i prodotti agricoli erano soggetti a dazi, ma non la terra. Per poter riscuotere un'imposta sui terreni, gli inglesi dovevano trovare dei possidenti che raccogliessero i dazi dai contadini e li versassero ai colonizzatori. Come fare? La risposta era semplice: bisognava crearli. Così gli inglesi presero gli *zamindar*, quei signorotti che già si occupavano di riscuotere le imposte dai contadini, e li trasformarono in proprietari terrieri.

Alla fine del Settecento in Bengala la qualifica equivoca ma conveniente di *zamindar* venne estesa a un insieme variopinto di signorotti terrieri. Il fatto che questi variegati esponenti della piccola aristocrazia di campagna non avessero niente a che spartire con gli *zamindar* dei villaggi contribuì ad accrescere la confusione. Gli *zamindar* bengalesi appartenevano almeno a quattro categorie distinte: i sovrani dei piccoli principati, come i *raja* di Tippera e Cooch Behar; i grandi proprietari terrieri, che pagavano un'imposta fissa sui loro possedimenti e si comportavano come signori feudali, quali i *raja* di Burdwan, Dinajpur, Rajshahi, Jessore e Nadia; le numerose famiglie che da generazioni detenevano l'incarico di riscuotere le imposte sui terreni; i contadini-esattori, istituiti con la concessione di Diwani nel 1765. Con il proclama ufficiale del 22 marzo 1793, cui fece seguito una raffica di nuove normative, il Governatore generale Lord Cornwallis conferì l'ambito diritto di proprietà privata sulla terra a un insieme eterogeneo di signorotti di campagna che erano accomunati soltanto dalla qualifica di *zamindar*.[19]

La politica di estorsione delle risorse introdotta dal governo coloniale compromise anche lo sviluppo delle infrastrutture locali. Dharampal, l'insigne storico indiano, rileva che nel periodo pre-coloniale una quota variabile tra l'80 e il 95 per cento delle risorse veniva affidata alla gestione locale e intermedia per il mantenimento delle infrastrutture sociali, economiche e culturali. L'autorità centrale riscuoteva soltanto dal 5 al 20 per cento delle risorse, lasciando il resto alle economie locali per consentire il finanziamento delle arti, dei *vaidya* (i medici indigeni tradizionali), degli insegnanti, dei sacerdoti, dei contabili, dei maniscalchi, dei muratori, dei vasai, dei lavatori, dei portatori d'acqua e dei sistemi d'irrigazione. Il governo britannico invertì le proporzioni, lasciando un mero 10 per cento alle infrastrutture locali che servivano al popolo e accaparrandosi il 90 per cento per la gestione dell'Impero.[20]

Le compagnie coloniali

L'avvento di grandi imprese commerciali quali la East India Company creò nuove prospettive di guadagno per gli investitori e nuove forme di impoverimento e deprivazione per i produttori. Invece di sviluppare il mercato in funzione degli interessi della produzione, si costrinsero infatti i produttori a soggiacere agli interessi del commercio coloniale. Le grandi imprese commerciali assunsero il controllo della produzione, sottraendolo alle corporazioni degli artigiani inglesi e alle colonie.

La East India Company, una delle prime grandi imprese, venne fondata dai possessori del capitale investito per finanziare le spedizioni coloniali. Era diretta da un governatore assistito da ventiquattro subordinati e deteneva il monopolio del commercio con tutte le isole e tutti i porti d'Asia, Africa e America, dal Capo di Buona Speranza allo Stretto di Magellano.

La East India Company si insediò in India con scopi commerciali, ma vi rimase per governare. Il suo obiettivo era la conquista di un controllo politico totale. Nel 1717, la società ottenne una concessione (*firman*) dall'imperatore Farrukhsiyar di Delhi, che in cambio di un tributo annuale di tremila rupie l'autorizzava, tra le altre cose, a commerciare in tutti i territori dell'Impero senza pagare dazi doganali. L'editto segnò l'inizio del colonialismo inglese in India. Nel gennaio 1757, il Bengala cedette. Gli inglesi non erano più dei "semplici commercianti", bensì i nuovi governatori. Il vittorioso Robert Clive dell'East India Company ricevette per questo una ricompensa di 234.000 sterline.[21]

Nel 1600, anno in cui venne fondata la società, l'India non si limitava a nutrire l'intera Asia con le sue esportazioni di riso, grano, zucchero e cotone grezzo, ma era anche la fabbrica del mondo. La sua produzione di cotone era tale da coprire tutti i mercati, da quelli delle Indie orientali e del Sud dell'Asia a quelli occidentali d'Europa, dalle sponde del mar Caspio alle coste del Mozambico e del Madagascar.[22] La conquista di queste rotte commerciali da parte dell'East India Company segnò l'inizio dell'Impero britannico. Come scrive Radha Kamal Mukherjee:

> Un intero secolo di atti di pirateria e di interventi commerciali, agricoli e militari compiuti dai britannici e dagli olandesi non culminò soltanto nel monopolio dei mercati asiatici e del commercio tra Asia ed Europa, ma pose anche le basi del futuro impero.[23]

Le attività commerciali dell'East India Company si limitarono in un primo tempo all'importazione di prodotti tessili finiti. In seguito però, l'India fu costretta a esportare soltanto materie prime. Se nel 1750 l'India e la Cina raggiungevano il 73 per cento della produzione tessile mondiale e l'industria tessile indiana era prima nel mondo, il controllo dei mercati e il blocco delle esportazioni riuscirono così a compromettere questa economia, e a consentire l'affermazione dell'industria tessile britannica. La retorica ufficiale attribuisce il merito della rivoluzione industriale inglese alle conquiste della tecnologia, ma furono soprattutto i dazi doganali e il protezionismo ("restrizioni quantitative", a volere utilizzare il gergo del Wto) a favorire la crescita dell'industria tessile inglese. Le innovazioni tecnologiche fecero seguito. Come scrive H.H. Wilson, docente di storia a Oxford:

> Nel 1813, ci si rese conto che i prodotti in seta e cotone importati dall'India venivano venduti sul mercato inglese a un prezzo dal 50 al 60 per cento inferiore rispetto a quello dei prodotti nazionali. Fu così deciso di proteggere la produzione nazionale, imponendo un blocco delle importazioni o una tassa che facesse crescere il prezzo dal 70 all'80 per cento. Senza queste limitazioni, le fabbriche di Parsley e Manchester si sarebbero fermate fin dal giorno della loro apertura e le nuove macchine a vapore non sarebbero bastate a farle ripartire. L'industria tessile inglese si poté sviluppare soltanto a scapito di quella indiana.[24]

Prima del 1771 l'Inghilterra non produceva tessuti di cotone di nessun tipo, poiché non coltivava il cotone e non possedeva macchine in grado di produrre un filato di cotone sufficientemente robusto per ordire il tessuto. L'industria tessile britannica incominciò a svilupparsi grazie all'importazione di semplici tele di cotone bianche, che venivano colorate e stampate adoperando tecniche e procedimenti provenienti dall'industria indiana. In meno di un secolo, la situazione si capovolse e l'Inghilterra si pose alla guida della produzione tessile. Così, dimenticando la storia, l'ammiraglio inglese Sidney Smith poteva scrivere che "la razza inglese sembra essere stata concepita per assolvere a questo magnifico scopo, la creazione del tessuto di cotone".[25]

In questo modo, l'India non venne soltanto estromessa dalla produzione, ma la storia ufficiale oscurò anche l'importanza del suo contributo. Le perdite provocate dal "libero" mercato – sui prezzi dei prodotti tessili indiani esportati veniva applicato un aumento dell'80 per cento, mentre sulle importazioni indiane veniva applicato un mero 2,5 per cento – compromisero sia il commercio con l'estero sia i mercati nazionali. Da paese esportatore quale era, l'India si trovò a dover importare tessuto dall'Inghilterra: ottocentomila metri nel 1814, cinquantun milioni di metri nel 1835 e oltre duecento milioni di metri nel 1846.[26]

Globalizzazione economica/capitalismo globale

Durante le prime fasi della rivoluzione industriale inglese, le recinzioni estromisero i contadini dalle terre comuni e li trasformarono in forza lavoro in balia delle esigenze del mercato. In seguito, l'industrializzazione venne esportata come modello di "sviluppo" nei paesi del Sud del mondo. Attraverso la globalizzazione, le multinazionali non hanno fatto altro che proseguire il cammino intrapreso dal colonialismo, lasciandosi alle spalle un mondo di devastazione e morte.

L'economia di mercato provoca inevitabilmente una grande trasformazione del modo di concepire i diritti alle risorse. La mercificazione della terra, per esempio, nega l'accesso ai terreni comuni e di conseguenza depriva i gruppi sociali politicamente più deboli dei loro diritti alla sopravvivenza. Eliminando il controllo sociale sullo sfruttamento delle risorse che caratterizzava la gestione collettiva dei territori, essa deruba anche la natura del suo diritto a rinnovarsi e a essere sottoposta a forme di sviluppo ecologicamente sostenibili.

Nei paesi del Sud del mondo, la mercificazione delle risorse naturali avviene quasi sempre grazie alla mediazione e alla complicità dei governi. Con il pretesto di favorire gli interessi della collettività, lo stato si trasforma spesso in un potente strumento di privatizzazione delle risorse. I boschi di proprietà dei villaggi indigeni diventano riserve forestali in grado di fornire regolarmente materie prime a buon mercato all'industria della pasta di legno e della carta. Allo stesso modo, le dighe costruite con fondi pubblici soddisfano il fabbisogno idrico ed energetico dell'industria privata, o servono per irrigare le coltivazioni intensive riservate all'esportazione. Gli investimenti destinati al settore pubblico vengono impiegati per finanziare i pozzi privati o i pescherecci delle grandi imprese. I conflitti che sorgono per il controllo delle risorse naturali sono dunque da considerarsi anche nei termini di battaglie per il controllo dei diritti.

La globalizzazione economica ci viene imposta come un modello di sviluppo inevitabile, come un oceano in cui tutti si trovano a dover nuotare. Molti si limitano a considerarla solo come una forma di commercio internazionale, illudendosi di non essere coinvolti. Ma la globalizzazione non riguarda soltanto le merci che attraversano i confini nazionali. Il commercio internazionale esiste da sempre, e comunque da ben prima del colonialismo. Il colonialismo derivò invece dal desiderio di dominare i mercati. Le spezie, per esempio, furono esportate per secoli prima che i colonialisti europei riuscissero a controllarne il commercio. E l'attuale globalizzazione economica oltrepassa confini ben diversi da quelli nazionali, con conseguenze per le sorti del pianeta e dell'umanità ancora più devastanti rispetto a quelle di un tempo. Ma le controversie relative al commercio internazionale diventano poca cosa, se paragonate alla violazione dei confini dell'etica. Nel corso dei secoli, le società, le religioni e le culture dei popoli hanno delimitato i confini etici del commercio umano, distinguendo ciò che poteva essere mercificato da ciò che apparteneva a un altro sistema di valori e non poteva essere sottoposto alle leggi del mercato.

La globalizzazione costituisce un'ultima e definitiva recinzione, quella delle nostre menti, dei nostri cuori, della nostra creatività e delle nostre risorse. Finché il capitalismo globale non decise di trasformare le risorse del pianeta – soprattutto l'acqua e la biodiversità – in beni commerciabili, era credenza comune e incontrovertibile che l'acqua non fosse di proprietà di nessuno. La pioggia cade, scorre nei fiumi e, attraverso le falde acquifere sotterranee, confluisce nell'oceano e infine evapora, concludendo il meraviglioso ciclo idrologico che ci fornisce l'acqua. Talvolta, questo ciclo è troppo lento e provoca siccità, ma siamo in grado di gestire una siccità che derivi da cause naturali. Al contrario, non c'è modo di contrastare la siccità prodotta da un sistema che fa scorrere l'acqua soltanto verso una direzione, verso chi ha denaro.

Ci è stato promesso che la globalizzazione avrebbe portato la pace, dando vita a un villaggio globale in cui tutti si sarebbero trovati uniti. Ma la serie di guerre esplose dopo il 1995, anno in cui il capitalismo globale si affermò letteralmente come costituzione legale del mondo, smentisce queste falsità. Basti pensare ai conflitti interculturali generati dalla globalizzazione. Nel terzo capitolo, mi soffermerò sulle connessioni tra capitalismo globale e crescita del terrorismo, dell'estremismo e dei movimenti di destra. Un'altra grande promessa riguardava l'aumento della prosperità generale: "Se le acque salgono, salgono anche le imbarcazioni". Le acque però non sono mai cresciute, in realtà si sono abbassate. Sono state prosciugate proprio dal meccanismo che le ha poste sotto il controllo delle multinazionali.

Se negli Stati Uniti c'è chi nasconde l'avidità sfrenata del neoliberismo dietro all'idea di un "capitalismo compassionevole", ciò che viene distrutto dagli interessi del capitale e delle multinazionali è proprio l'economia compassionevole della natura e della sussistenza. La tutela dei diritti dei popoli e della natura viene bollata come protezionismo, come barriera allo sviluppo del commercio e degli investimenti. Gli interessi commerciali e le politiche neoliberiste portano all'approvazione di leggi che rendono illegale la pratica stessa della compassione. Così, i brevetti sul vivente sanciscono l'illegalità di quelle culture compassionevoli che celebrano il carattere sacro della vita in ogni sua forma. E la privatizzazione di servizi pubblici essenziali quali l'acqua, la sanità e l'istruzione mettono fuorilegge le culture fondate sulla solidarietà e sulla giustizia sociale, che insegnano a condividere le risorse degli uomini e della natura. Le economie che intendono garantire e proteggere la sostenibilità, il lavoro e l'assistenza sociale vengono smantellate, generando una moltitudine di individui che non trova posto nella vita economica e sociale dei loro paesi. Questi non sono gli effetti di un'economia compassionevole; sono piuttosto il portato di un'economia violenta che assomiglia molto a una strategia di guerra, per i suoi metodi e i suoi risultati.

L'indagine del Fondo monetario internazionale intitolata "Chi pagherà? Come affrontare l'invecchiamento sociale, i cambiamenti climatici e altri rischi economici a lungo termine" costituisce un esempio significativo del paradigma neoliberista che caratterizza le attuali politiche economiche e sociali. In un colpo solo, tutti i problemi connessi alla riproduzione e al rinnovamento del tessuto ecologico e sociale vengono tradotti in termini finanziari. La natura e gli esseri umani scompaiono per lasciare posto al denaro. Gli economisti che si concentrano soltanto sul capitale e sul mercato sono come accecati di fronte agli uomini e alla natura. Sono incapaci di vedere che le ricchezze dei potenti vengono accumulate sfruttando le risorse sociali e naturali. Questi studiosi non riconoscono l'importanza del contributo che è già stato versato, di un credito ecologico e sociale di gran lunga superiore a qualsiasi prestito elargito dal Fondo monetario internazionale.

Le culture dei popoli indiani e nativi americani condividono una logica detta "della settima generazione", secondo la quale prima di introdurre un cambiamento occorre valutarne l'impatto appunto fino alla settima generazione. Al contrario, lo smantellamento neoliberista dello stato sociale non è dettato da un reale interesse per la sorte delle generazioni future. È soltanto un modo per prelevare fondi dall'economia di sussistenza e farli confluire nell'economia di mercato, con buona pace della sicurezza sociale delle generazioni future come di quelle del presente.

I concetti di crescita e di efficienza secondo la logica del mercato

Un altro mito da sfatare è che l'economia di mercato sia il sistema di produzione più efficiente. Se consideriamo i danni provocati all'economia della natura, tale "efficienza" si rivela infatti del tutto inefficace. L'efficienza e la produttività dell'agricoltura industriale non tengono conto dell'impoverimento del suolo, dell'esaurimento delle falde acquifere sotterranee, dei processi di erosione, dell'estinzione delle biodiversità. L'agricoltura industriale richiede una quantità di energia dieci volte superiore a quella prodotta, e una quantità d'acqua dieci volte superiore a quella di un'agricoltura fondata sul rispetto delle biodiversità, sulla scelta di coltivazioni che consentono un risparmio idrico e sull'impiego di metodi organici. Dal punto di vista dell'economia della natura, le coltivazioni ecologiche fondate sul rispetto della biodiversità sono molto più produttive delle grandi monocolture industriali. L'illusione di una migliore efficienza dell'agricoltura industriale è stata costruita mascherandone i costi ecologici.[27]

La crescita economica avviene il più delle volte attraverso una conversione delle risorse dell'economia della natura in prodotti destinati al mercato. Così l'esaurimento delle risorse naturali, il disboscamento, l'estrazione delle falde acquifere sotterranee, la pesca indifferenziata vengono considerati come fattori di sviluppo. Ma un modello di crescita reale e orientato verso il futuro non può ignorare il problema della rigenerazione di quelle risorse che l'attuale sfruttamento intensivo ha distrutto. Il capitale aumenta, ma la natura è stremata. Lo sviluppo del mercato non basta a risolvere la crisi che esso stesso ha creato. Ci sono economisti che si limitano a considerare la crisi ecologica dal punto di vista del mercato e cercano di trovare delle merci e delle materie prime alternative a quelle derivate dallo sfruttamento delle risorse naturali. Eppure, la crescita delle risorse finanziarie disponibili non potrà mai riempire il vuoto provocato dalla distruzione ecologica. Un contadino africano ha così riassunto il nodo della questione: "Non si può trasformare un vitello in mucca ricoprendolo di fango".[28] Per le economie della natura e della sussistenza la valuta che conta è la vita, non il denaro.

La globalizzazione dell'agricoltura

Le colture intensive destinate ai mercati internazionali e l'industrializzazione della produzione alimentare sottraggono terra e risorse idriche all'economia di sussistenza. In questo modo, sempre più individui vengono deprivati dei loro diritti al cibo:

> L'industrializzazione e l'internazionalizzazione dell'agricoltura – processi inesorabili della globalizzazione economica – hanno probabilmente provocato più carestie delle guerre crudeli e delle catastrofi naturali. Vi sono molte ragioni per cui lo sviluppo di colture ad alta tecnologia destinate all'esportazione provoca anche una diffusione della fame. Le poche terre disponibili, i fondi di investimento, le risorse idriche e la tecnologia vengono destinati al settore dei prodotti da esportare, mentre la maggior parte delle persone che patiscono la fame non trova accesso al mercato... I profitti confluiscono nelle casse delle multinazionali, che non hanno alcun interesse a nutrire chi non possiede denaro a sufficienza per comprare.[29]

Il mercato globale della produzione agricola non è mai stato giudicato in rapporto alle nuove condizioni di povertà e scarsità che produce. Tuttavia, questa nuova povertà non può più essere considerata come un fenomeno relativo o connesso all'arretratezza culturale del singolo popolo. Essa costituisce oggi un fattore assoluto, che minaccia la sopravvivenza di milioni di individui in tutto il pianeta. E alle sue origini si colloca proprio il paradigma economico del mercato, che non è in grado di valutare la portata delle sue richieste nei termini di risorse naturali e il suo impatto rispetto all'equilibrio ecologico e di sopravvivenza. Ecco perché certe attività economiche, che nel limitato contesto dell'economia di mercato appaiono efficienti e produttive, si rivelano invece inefficaci e nocive alla luce delle economie della natura e della sussistenza.

In India, il cotone geneticamente modificato è stato introdotto con la promessa che avrebbe incrementato il raccolto, dai duecento chili di produzione media calcolata su quattro stati, fino a millecinquecento chili per acro. I profitti, che avrebbero dovuto aumentare di diecimila rupie per acro, sono invece crollati, con perdite fino a seimila rupie per acro. L'andamento di queste coltivazioni si è rivelato del tutto inaffidabile. In maniera analoga, le sementi ibride di mais che Monsanto ha venduto ai contadini degli stati più poveri dell'India, come il Bihar, hanno provocato un fallimento totale dei raccolti e una perdita complessiva di quattro miliardi di rupie. Anche l'introduzione del cotone Bt [geneticamente modificato con un bacillo, il bacillo *Thuringensis*, per renderlo resistente al bruco del cotone; *N.d.T.*] in Andhra Pradesh ha provocato danni per un miliardo di rupie. Nel giro di un anno, i contadini che passano all'uso di sementi ibride o geneticamente modificate subiscono una perdita di due o tremila rupie. Le multinazionali che detengono il monopolio del commercio, dei prodotti chimici e del mercato possono vendere a caro prezzo i loro semi e trasformare i contadini nei loro principali acquirenti. Per attrarli, basta ricorrere a una pubblicità ingannevole e a false proiezioni. In conclusione però, l'unica crescita che si registra veramente è l'aumento dei debiti.[30]

Il cosiddetto "libero mercato delle sementi" si traduce in una nuova schiavitù per i piccoli agricoltori. In India, Monsanto vende i suoi semi allo stesso prezzo che negli Stati Uniti. In questo modo i costi della produzione agricola decuplicano, mentre i prezzi dei prodotti si dimezzano a causa della liberalizzazione del commercio. Soltanto nel settore della produzione alimentare, gli agricoltori indiani subiscono perdite annuali, e sottolineo annuali, pari a ventiquattro miliardi di rupie. I poveri, che avrebbero dovuto arricchirsi, sprofondano sempre di più nella miseria. Il collasso delle entrate della produzione agricola erode il potere d'acquisto dei contadini e compromette ogni aspettativa di sopravvivenza dignitosa. In conclusione, i contadini impoveriti vanno a incrementare il numero degli affamati mentre quelli sommersi dai debiti si tolgono la vita, come accade con frequenza sempre più allarmante di questi tempi in India. La nuova povertà traspare dai suicidi dei piccoli agricoltori e da un incremento della fame che non si verificava dai tempi della conquista dell'indipendenza.

L'India non ha più sofferto di carestie dal 1942, ma i casi di morte per fame si stanno pericolosamente moltiplicando in tutte le regioni. Nel 1991, un'inchiesta governativa condotta in una regione in cui ottomila bambini erano deceduti per denutrizione rivelò che, prima dell'avvento del libero mercato e della globalizzazione, nessun bambino di età compresa tra 0 e 6 anni era morto per mancanza di cibo.[31] Nel 2002, il 47 per cento delle morti in età infantile riscontrate in India è stato invece per fame. In realtà, il cibo non manca: vi sono sessantacinque milioni di tonnellate di prodotti alimentari che marciscono nei depositi. Il problema è che, dopo avere alterato l'equilibrio di entrambi gli aspetti della catena alimentare, la produzione e il consumo, le multinazionali ricorrono al *dumping*: comprano enormi quantità di cibo a prezzi stracciati e poi le riversano su qualche altro mercato. Contemporaneamente, grazie a quattrocento miliardi di dollari di sussidi che non aiutano i piccoli agricoltori, perché rimangono nelle mani di poche grandi imprese, un'altra ingente quantità di cibo viene acquistata in un'altra parte del mondo e rovesciata sul mercato indiano. Ecco perché le promesse di pace e prosperità non possono che essere ingannevoli.

L'Accordo sull'agricoltura ratificato dal Wto, che rese possibile l'imposizione di colture destinate ai mercati esteri, dovrebbe essere chiamato accordo Cargill. Fu infatti Dan Amstutz, allora vicepresidente di Cargill, a curarne la stesura durante il ciclo negoziale tenutosi in Uruguay. Il Wto non si limita a regolamentare il commercio, ma determina anche le strategie di produzione alimentare e definisce le aziende che ne detengono il controllo. L'accordo elaborato da Cargill mirava appunto a conquistare i mercati del Sud del mondo e a convertire l'agricoltura tradizionale in una di tipo industriale. Ma l'apertura dei mercati a multinazionali come Cargill corrisponde a una chiusura delle prospettive di vita dei piccoli coltivatori. Impadronirsi dei mercati asiatici è fondamentale per Cargill, perché l'Asia è l'economia agricola più grande del mondo, con la maggioranza della popolazione dedita all'agricoltura. La strategia di Cargill, sottoscritta e legittimata dal Wto, mira a convertire le economie alimentari ancora indipendenti in economie dipendenti dal mercato globale.

Poiché l'accordo sull'agricoltura è condizionato dagli interessi delle multinazionali, la sua visione della produzione e del commercio non può che essere di parte. Dietro all'apparente neutralità delle norme che regolano le sovvenzioni alla produzione nazionale, l'accesso ai mercati e la concorrenza nel settore delle esportazioni, si cela un'immagine distorta della produzione alimentare e della sua distribuzione. In realtà, l'accordo sull'agricoltura comporta una minaccia ecologica, una catastrofe economica per i piccoli agricoltori e un pericolo per la salute pubblica.

Uno dei miti perpetrati da Cargill e riconosciuti dall'accordo del Wto è quello di considerare gli Stati Uniti come il paese più idoneo alla produzione agricola e che produce gli alimenti migliori. Al contrario, gli Stati Uniti costituiscono un modello in negativo, emblematico di ciò che si deve evitare nel settore della produzione agricola e alimentare. Nel 1990, quasi il 22 per cento delle aziende agricole americane a conduzione familiare si trovava sotto la soglia ufficiale di povertà, circa il doppio rispetto alla media nazionale. Nel 1993, oltre l'88 per cento del reddito dell'agricoltore medio americano proveniva da fonti estranee all'agricoltura. Tra il 1982 e il 1993, i costi della produzione sono triplicati, facendo crollare gli introiti. Tra il 1982 e il 1992, di contro a sessantasettemila nuove entrate all'anno, novantanovemila agricoltori hanno abbandonato il settore, con una perdita annuale di trentaduemila unità.[32] Questo spiega perché, tra il 1990 e il 1994, anche gli investimenti dei contadini indiani abbiano riscontrato soltanto un misero 1,98 per cento di profitto.

La maggiore produttività delle aziende agricole su larga scala dovrebbe giustificare l'estromissione dei piccoli agricoltori. In realtà, come ha constatato anche l'ex primo ministro indiano Charan Singh, le piccole aziende agricole sono più produttive di quelle di grandi dimensioni:

> Poiché l'agricoltura necessita di cure individualizzate, nella pratica e nelle condizioni attuali la produttività per acro tende a diminuire con l'aumento delle dimensioni dell'azienda, o in altri termini, con la diminuzione del numero di persone addette alla coltivazione e alla supervisione di ogni acro. I dati parlano chiaro: la produzione per acro delle piccole aziende è maggiore rispetto a quella delle grandi tenute. Pertanto, se un paese popoloso e con scarse risorse economiche come l'India si trova a dover scegliere tra una grande azienda di cento acri e quaranta piccole aziende di due acri e mezzo, il costo nei termini di capitali per l'economia nazionale sarà inferiore se il paese opterà per le aziende più piccole.[33]

Eppure, la globalizzazione e le riforme economiche imposte dal mercato stanno distruggendo proprio le piccole aziende e i piccoli agricoltori. Da quando queste "riforme" sono state introdotte, cinque milioni di contadini indiani sono già svaniti nel nulla.

Un altro mito da sfatare è l'idea che il libero mercato sia in grado di distribuire il cibo con maggiore efficienza. In realtà, le multinazionali americane si sono impadronite dei mercati del Sud del mondo soltanto grazie al *dumping* e a massicce sovvenzioni. Il libero commercio di prodotti agricoli si è trasformato in uno scambio insensato, con paesi che importano merci analoghe a quelle esportate, anziché esportare i prodotti tipici della loro economia e importare ciò che non hanno. Il mondo intero si trova costretto a scambiarsi tonnellate di merce, sotto il controllo interessato dei giganti del settore.

L'idea che un'agricoltura globalizzata e un continuo travaso di merci arricchiscano i contadini, consentendo loro di comperare "motociclette, telefoni cellulari e computer", non trova dunque riscontro nella realtà. Al contrario, il *dumping* devasta i mercati nazionali, impoverendo i redditi e il tenore di vita dei cittadini.[34]

L'industria alimentare statunitense non si limita a compromettere l'esistenza dei piccoli agricoltori e a dissipare le risorse del suolo, dell'acqua e della biodiversità, ma costituisce anche una minaccia per la salute pubblica. La globalizzazione del modello alimentare americano ha creato nuovi pericoli, come dimostra l'accesa controversia sugli ingenti residui di pesticidi trovati nella Coca-Cola e nella Pepsi prodotte in India. La diffusione dell'obesità rappresenta un ulteriore problema. Negli Stati Uniti, quasi il 70 per cento dei bambini è affetto da obesità e da patologie del metabolismo quali il diabete, l'alto tasso di colesterolo nel sangue o l'ipertensione, che un tempo si manifestavano soltanto in età adulta.[35] Inoltre, attualmente negli Stati Uniti vi sono quarantaquattro milioni di obesi adulti e altri sei milioni di "superobesi". L'obesità è la seconda causa di mortalità negli Stati Uniti, preceduta soltanto dal tabagismo. I centri per il controllo delle patologie stimano che ogni anno il sovrappeso provochi il decesso di duecentottantamila cittadini americani.[36] I costi annuali per la cura di tali patologie ammontano a duecentoquaranta miliardi di dollari, cui si aggiungono altri trentatré miliardi spesi in prodotti e cure dietetiche.

La globalizzazione ha esportato questo cattivo modello di cultura alimentare sotto il segno del profitto in tutto il mondo. Così McDonald's, Coca-Cola e Pepsi espandono i loro mercati, alterando abitudini alimentari più sane. Con l'arrivo del fast food industriale, l'epidemia di obesità si diffonde anche al di fuori degli Stati Uniti. In Cina, un'indagine condotta in dodici scuole rileva che il 30 per cento dei bambini è affetto da obesità. In India, l'obesità infantile ha raggiunto il 7,5 per cento. A Chennai, il 18 per cento dei bambini è sovrappeso. Nella città di Dehli, due studenti su cinque sono diabetici o hanno problemi di colesterolo alto. Oltre agli effetti nocivi del fast food, l'industria americana esporta anche nuovi pericoli connessi agli organismi geneticamente modificati. I paesi europei si sono rifiutati di consumare Ogm. L'India e lo Zambia hanno respinto il mais geneticamente modificato che veniva loro offerto sotto forma di aiuti alimentari. Esiste un accordo globale, il Protocollo sulla biosicurezza, che regolamenta il commercio di Ogm. Eppure gli Stati Uniti, condizionati dalle pressioni dell'industria delle biotecnologie e dell'agrocommercio, chiedono che gli Ogm siano liberalizzati e che ai cittadini venga negata la libertà d'informazione e di scelta. I falsi marchi dietro ai quali si celano i giganti dell'industria alimentare – presunti produttori di alimenti organici come il succo di frutta Odwalla, che appartiene al gruppo Coca-Cola, o il tè Celestial Seasoning della Hain, che vanta Philip Morris, Monsanto ed Exxon-Mobil tra i suoi investitori – tradiscono i loro intenti sleali.[37] E le pressioni degli Stati Uniti, che minacciano di sollevare una disputa contro l'Unione Europea sul commercio degli Ogm, costituiscono un ennesimo esempio di come l'Organizzazione mondiale del commercio serva a imporre un'alimentazione nociva e a negare ai popoli del mondo il diritto a nutrirsi con un cibo sano e genuino. Il ministero dell'Ambiente britannico ha di recente reso noti i risultati di un'indagine sullo stato delle coltivazioni condotta nell'arco di tre anni. Almeno per quanto riguarda la canola ["Canadian Oil Low Acid": varietà di colza oleifera a basso contenuto di acido sviluppata in Canada; *N.d.T.*] e la barbabietola, nelle aziende agricole che adoperano organismi geneticamente modificati si è verificata un'estinzione delle specie di cinque volte superiore a quella delle aziende che ricorrono ai metodi chimici tradizionali. Ciò significa che, nonostante la causa che gli Stati Uniti hanno aperto nel maggio del 2003, sostenendo che il rifiuto degli Ogm da parte dei paesi europei costituisce un ostacolo alla risoluzione del problema della fame in Africa, non sarà facile convincere l'Europa a rimuovere il suo veto ai prodotti geneticamente modificati.

L'Europa incomincia anche a ribellarsi a questo genere di pressioni, come rivela una recente dichiarazione di Margot Wallstrom, commissaria europea per l'Ambiente:

> Hanno provato a mentire e a imporre i loro interessi con la forza. Questo non è l'approccio giusto. Non si può costringere l'Europa a obbedire. Spero che adesso abbiano imparato la lezione e che la smettano di dire che sono in grado di risolvere il problema della fa-

me nel mondo. Ma andiamo... volevano saziare l'appetito dei loro azionisti, non certo quello dei paesi in via di sviluppo.[38]

Un altro assunto da sfatare è l'idea che la globalizzazione determini una società più informata e consapevole. Come si può parlare di consapevolezza, quando viene a mancare perfino la libertà di compiere quelle scelte fondamentali che consentono di condurre un'esistenza umana e dignitosa, di essere informati in merito alle modalità di produzione e alla composizione dei prodotti alimentari, di sapere se la paga di chi li ha coltivati è equa, e da quale foresta provenga il legno dei nostri tavoli e delle nostre sedie? Non viviamo in una società informata, perché l'informazione non può basarsi sui dati manipolati da Monsanto. Una società informata è quella in cui i cittadini sono in grado di compiere delle libere scelte. Ma questo orientamento democratico è proprio il bersaglio che il capitalismo globale si propone di abbattere.

In India sono stati pubblicati almeno una ventina di studi indipendenti sul fallimento del cotone geneticamente modificato. La Research Foundation for Science, Technology and Ecology [Rfste, fondata e diretta da Vandana Shiva; *N.d.T.*], l'Agricultural Research Institute e il ministero dell'Agricoltura del governo indiano hanno condotto svariate ricerche. I risultati concordano, perché riflettono la realtà oggettiva delle aziende agricole del paese. Eppure, l'unico studio che viene preso in considerazione in ambito internazionale è un articolo pubblicato da "Science" da Matin Qaim e David Zilberman, due scienziati – uno di Bonn, l'altro di Berkeley – che riscontrano un aumento della produttività dei raccolti pari all'80 per cento. In realtà, il rendimento dei raccolti è calato del 10 per cento.[39] Questi scienziati non hanno mai messo piede in India. Si sono limitati a riprendere i dati forniti da Monsanto e a pubblicarli. E non si tratta di un episodio isolato. Lo stesso accadde quando si trattò di promuovere l'ormone della crescita ricombinante. Gli articoli che il cosiddetto gruppo di scienziati del Food and Drug Administration americano pubblicò su "Science" non si basavano su dati prodotti dalle loro ricerche. Monsanto aveva fornito loro tutta la documentazione, e gli scienziati l'avevano sottoscritta apponendovi i loro nomi.[40]

Le poche informazioni davvero indipendenti di cui disponiamo sono frutto della cooperazione tra scienziati, intellettuali e attivisti impegnati nella difesa dell'interesse pubblico. Le connivenze tra ricerca scientifica e interessi industriali, il monopolio che le grandi imprese tendono a esercitare sull'informazione e sui saperi, costituiscono invece un grave pericolo per il futuro dell'umanità. Si tratta di una situazione insostenibile, soprattutto perché la ricerca scientifica subordinata a scopi commerciali continua a generare nuove minacce per l'ambiente e per la nostra salute. Sostenere la ricerca indipendente dovrebbe essere una priorità, mentre invece continuiamo a essere ingannati. La libera informazione viene messa a tacere per consentire l'apertura di nuovi mercati.

Le nuove recinzioni

Le recinzioni cui oggi assistiamo, con la privatizzazione dell'acqua e i brevetti sul vivente e sulla biodiversità, rappresentano una nuova espressione delle prime recinzioni delle terre comuni, che sono state definite "una rivoluzione compiuta dai ricchi ai danni dei poveri".[41] La privatizzazione della biodiversità e dei saperi comuni costituisce infatti l'ultimo stadio di un processo di recinzione che ha avuto inizio con l'avvento del colonialismo. Per prima cosa si privatizzarono le terre e le foreste, per trasformarle da risorse comuni in beni commerciabili. Poi fu la volta delle risorse idriche, che vennero espropriate attraverso la costruzione di dighe, l'estrazione delle falde acquifere sotterranee e i progetti di privatizzazione. Adesso è il turno dei saperi comuni e della biodiversità, che vengono "recintati" dai diritti sulla proprietà intellettuale.

Le nuove recinzioni non riguardano soltanto le risorse, ma anche il patrimonio culturale dell'umanità. In uno studio recentemente presentato al Forum internazionale sulla globalizzazione, il termine "commons" viene adoperato anche per definire servizi pubblici come la sanità, la fornitura dell'acqua, l'istruzione e l'informazione.[42] Le modalità di gestione e di condivisione del patrimonio comune possono essere diverse; ciò che conta è proteggere gli interessi di tutti, non soltanto quelli di una minoranza privilegiata. Lo stato può favorire la privatizzazione dei beni e dei servizi pubblici o può, al contrario, promuoverne lo sviluppo attraverso la creazione di nuovi servizi e di nuove forme di assistenza sociale. Questo suo ruolo ambivalente lo trasforma pertanto in un terreno di contesa tra i fautori delle recinzioni e i difensori del patrimonio pubblico.

Le leggi sulla proprietà intellettuale

I beni e i servizi pubblici costituiscono il patrimonio collettivo dei poveri. Privatizzarli significa pertanto sottrarre ai poveri le risorse necessarie per il loro sostentamento. Ancora oggi, in India, il libero accesso alle risorse naturali ha un ruolo essenziale per la sopravvivenza.[43] È per questo che i movimenti ecologisti si oppongono con tanta forza alla distruzione di beni comuni di importanza vitale per l'umanità. Non c'è sviluppo economico possibile in mancanza di acqua pulita, terreno fertile, diversità genetica delle piante e differenziazione delle colture. Certe pratiche che si vorrebbero definire di sviluppo hanno compromesso, con interventi dannosi o per assenza di cure, la produttività delle risorse comuni naturali, contribuendo così a inasprire il conflitto tra l'economia di mercato e l'economia di sussistenza. Una buona gestione delle risorse comuni deve fondarsi sul rispetto dei diritti e delle responsabilità, sullo scambio di beni e saperi tra comunità diverse, sul mantenimento di un equilibrio tra uso e conservazione e su un atteggiamento di compartecipazione nei confronti della natura.

Le comunità indigene concepiscono l'invenzione come un fenomeno sociale e collettivo, i cui frutti devono essere liberamente accessibili a tutti. Non soltanto la biodiversità, ma anche il suo utilizzo vengono dunque intesi come beni comuni da poter scambiare liberamente all'interno di una comunità o tra comunità diverse. Le innovazioni vengono tramandate nei secoli alle generazioni successive, che a loro volta le adattano a nuove funzioni. Ogni scoperta confluisce in un unico sapere collettivo che ha fornito contributi inestimabili, se si considera la ricchezza dell'attuale diversità di colture e di piante medicinali. Questo patrimonio culturale non può essere ridotto a un bene appartenente a un privato che intende trarne dei benefici economici. Per le comunità indigene, i saperi tradizionali non sono affatto una proprietà o un insieme di diritti economici, quanto un sistema di rapporti umani, di responsabilità individuali e collettive. Anche solo l'idea di un diritto di "proprietà" individuale sulle biorisorse o sui saperi non può non apparire loro incomprensibile. Paradossalmente, questo non fa che favorire l'usurpazione dei saperi delle popolazioni indigene, con conseguenze gravissime per la loro sopravvivenza e per la conservazione della biodiversità.

Con l'approvazione dei diritti di proprietà intellettuale, significativamente definiti con il prefisso TR – "trade related", attinenti al commercio – il Wto ha stabilito un nesso tra commercio e proprietà intellettuale in contrasto radicale anche con il consueto approccio giuridico dei paesi occidentali. Tradizionalmente, le normative sui brevetti erano di competenza dei singoli stati, che decidevano al contempo di premiare l'ingegno individuale pur tenendo conto delle esigenze della nazione. Anche le limitazioni venivano definite dalle singole comunità in funzione del contesto specifico: volta per volta si poteva distinguere tra ciò che costituiva un patrimonio collettivo inalienabile e ciò che invece poteva essere accordato, per un breve periodo, con diritto di esclusiva. Prima del 1995, nessuno avrebbe mai pensato di attribuire un diritto di proprietà intellettuale su un organismo vivente. Con l'applicazione delle leggi relative ai TRIPS, ovvero ai diritti di proprietà intellettuale attinenti al commercio, non soltanto le cellule, i geni, le piante, le pecore e le mucche possono invece diventare oggetto di proprietà intellettuale, ma la vita stessa *deve* essere posseduta. Questo è ciò che l'articolo 27.3(b) dell'Accordo sulla proprietà intellettuale sancito dal Wto ha imposto al mondo. Le implicazioni, ovviamente, sono gravissime. Rispetto agli altri esseri viventi, noi ci qualifichiamo ormai unicamente come consumatori, mentre le multinazionali si arrogano il ruolo di creatori.

Al tempo degli *zamindar*, gli inglesi costituirono un'aristocrazia terriera per riscuotere delle rendite e poter gestire il loro impero. Tale estorsione e la conseguente carestia esplosa nel 1942, che provocherà due milioni di morti, non sono niente in confronto alla rendita annuale e alle ripercussioni connesse alla trasformazione delle sementi in proprietà intellettuale. Il Wto ha creato un'aristocrazia che possiede la vita e ha conferito alle multinazionali il potere di riscuotere dazi dai contadini costretti ad acquistare le sementi, o dai malati di Aids in Africa che necessitano di cure mediche. Se un contadino mette da parte i semi o li scambia con i suoi vicini viene trattato alla stregua di un criminale.

Questa pratica contraddice gli insegnamenti della tradizione. L'unica ragione per cui oggi disponiamo dei semi è che qualcuno prima di noi ha saputo conservarli. Le generazioni passate non si limitavano a conservare i semi, ma ritenevano anche che non fosse etico non farlo. I testi sanscriti antichi affermano che "il peccato più grave è lasciare che le sementi si estinguano". Nella mia regione d'origine, l'Himalaya, ai tempi della guerra di Gurkha la gente moriva di fame, eppure nessuno si azzardò mai a consumare i semi. Bisognava conservarli per le generazioni future, nonostante la carestia. Oggi al contrario, si sviluppano tecnologie che rendono sterili le sementi per impedirne la riproduzione (la famigerata tecnologia "terminator"), grazie a una normativa sui diritti di proprietà che, in pratica, stabilisce che "gli esseri viventi che si riproducono non devono riprodursi". Tutto viene a essere così convertito in merce.

La privatizzazione dell'acqua

La dichiarazione conclusiva dell'incontro ministeriale del Wto di Doha è stata integrata con una clausola che affermava "la rimozione di tutte le tariffe e di ogni altra forma di barriera commerciale" nel commercio dei servizi ambientali. Per "commercio dei servizi ambientali" s'intendeva principalmente il commer-cio dell'acqua. Analogamente, la proposta formulata a Cancun chiedeva "la rimozione di tutte le tariffe e di ogni altra forma di barriera commerciale al commercio di beni ambientali". Anche in questo caso, si parlava di acqua. Che si tratti di un servizio o di un bene ambientale, il punto è ottenere il diritto di speculare liberamente sull'acqua. Tale diritto ha provocato conseguenze quali il caso della società californiana Sunbelt, che fece ricorso al Nafta (North American Free Trade Agreement) contro il Canada perché i canadesi si erano rifiutati di vendere la loro acqua.

Questi accordi non riguardano soltanto gli scambi di merce a livello internazionale. Essi comportano una mercificazione dell'intero pianeta, una trasformazione della vita, la vita umana e quella della terra, in bene privato di proprietà delle multinazionali. Così il Wto recinta il nostro patrimonio comune e lo consegna nelle mani di un numero ristretto di grandi imprese. Le multinazionali dell'acqua sono soltanto cinque: Suez, Vivendi, Bechtel, Thames e Rwe. Halliburton è appena entrata nel settore, insediandosi nelle regioni prosperose dell'India nordorientale. Bechtel è stata tra le prime a ottenere appalti significativi per la ricostruzione in Iraq. Bechtel è nota anche per aver cercato di impadronirsi del controllo dell'acqua a Cochabamba, in Bolivia, e per esservi stata scacciata da una rivolta popolare. Secondo Bechtel, le concessioni che aveva ottenuto la rendevano proprietaria di ogni goccia d'acqua presente sul territorio. Se una contadina provava a rifornirsi dal proprio pozzo, Bechtel la considerava una ladra. Negli Stati Uniti, Bechtel sta speculando su un progetto da 14,6 miliardi di dollari per la costruzione di un grande acquedotto sopraelevato,"The Big Dig". Sembra che anche in questo caso l'acqua tenda a sottrarsi al controllo di Bechtel, dato che il tunnel è "pieno di crepe".[44] Come al tempo delle prime recinzioni, la privatizzazione continua ad arricchire i pochi a danno dei molti.

I fautori della privatizzazione dell'acqua sostengono che, considerati gli investimenti nei termini di capitale e di lavoro, la risorsa stessa dovrebbe essere considerata come un bene privato. Secondo loro, "purificare l'acqua estratta, trattarla, distribuirla all'utenza e recuperarla di nuovo implica una grande quantità di lavoro. Ecco perché dovrebbe essere considerata come un prodotto industriale". Questa tesi non tiene conto però del gigantesco contributo della natura, che raccoglie l'acqua dalle montagne, la trasporta per migliaia di miglia fino al mare, la fa evaporare e la riporta sulla terra.

Ridefinire l'acqua nei termini di proprietà privata significa creare la possibilità di negare ad altre persone l'accesso a una risorsa vitale. Le strategie che mirano a ricollocare l'acqua presente sul pianeta in funzione di un miglior controllo e di un più facile accesso da parte delle multinazionali possono provocare l'estinzione della maggior parte delle specie viventi. Nessuna specie si rivolge al mercato per chiedere il permesso di accedere alla sua parte di acqua. Il diritto d'accesso deriva loro dall'essere membri di una comunità e di un ecosistema.

L'eucalipto, che in Australia è così bello, ha creato seri problemi in India perché sottrae acqua alle altre specie. Questa pianta, che è stata inopinatamente importata per creare delle monocolture destinate al commercio, si comporta come una specie aliena in un habitat in cui non riesce a inserirsi. Gli accordi sul commercio e la mercificazione dell'acqua producono effetti analoghi.

Nel settore della privatizzazione dell'acqua, come in quegli altri campi in cui si cerca di privatizzare il vivente, ovvero l'alimentazione e la biodiversità, non c'è un solo progetto che stia tenendo fede agli impegni assunti nei termini di miglioramento delle condizioni di vita. Le uniche beneficiarie di questi progetti, anche quando falliscono, sono le multinazionali. Al contrario, il pubblico perde il suo diritto d'accesso a dei servizi che pure gli appartenevano, e nello stesso tempo s'indebita. A Manila, Suez ha privatizzato la rete idrica ma non è riuscita a gestire il servizio. Così si è ritirata, lasciando alle strutture pubbliche l'onere di provvedere al problema e di colmare i debiti contratti con la Banca mondiale, che aveva comunque garantito il pagamento a Suez. In Sudafrica, dieci milioni di abitanti sono stati privati dell'acqua perché non potevano pagare la fornitura. Di questi, trecentomila si sono ammalati di colera e trecento ne sono deceduti. In India, come in ogni paese in cui si dice "dobbiamo ricorrere alla privatizzazione, perché non abbiamo abbastanza soldi per far funzionare il servizio", si viene poi a scoprire che la privatizzazione ricorre comunque ai finanziamenti pubblici, e che i costi di gestione nel frattempo vengono decuplicati. Questo è quanto è accaduto a Dehli, dove la rete idrica privatizzata è dieci volte più cara di prima, anche se gli investimenti continuano a dipendere da fondi pubblici.[45] Che si tratti di un'università, di un ospedale o di un acquedotto, la gestione di qualsiasi servizio costa molto di meno quando viene affidata a un ente pubblico. La privatizzazione si è dimostrata estremamente inefficiente e inefficace, almeno dal punto di vista degli utenti. Essa produce invece ottimi risultati per le multinazionali, che non soltanto mandano in rovina il pubblico, ma continuano a percepire profitti garantiti per lungo tempo a prescindere dal mancato adempimento degli impegni assunti.

L'operato di Enron in India, per esempio, è stato disastroso. Eppure questa impresa sta ancora esigendo dei pagamenti. Enron, Bechtel e General Electric reclamano il pagamento di 1,2 miliardi di dollari per un progetto che non sono state in grado di completare e per aver prodotto energia a prezzi così alti da non riuscire a venderla. Eppure, che forniscano energia o meno, queste aziende possono contare su pagamenti garantiti per vent'anni. Tutti i contratti di privatizzazione prevedono garanzie simili. E lo chiamano "libero mercato": un mercato che non fornisce alcun servizio, ma prosciuga le risorse e il denaro pubblico per accrescere i profitti delle multinazionali.

Espropri e recinzioni

Il problema delle recinzioni e del successivo recupero del patrimonio pubblico non riguarda soltanto la storia britannica o le vicende politiche e sociali dell'India contemporanea, ma è anche al centro di importanti conflitti politici negli Stati Uniti e di un dibattito sulla globalizzazione di rilievo mondiale.

Lo smantellamento del controllo pubblico sui servizi sociali e sui beni comuni – controllo che si configura attraverso un insieme di leggi volte a tutelare l'ambiente, i diritti dei lavoratori, la protezione sociale, la sanità e la pubblica istruzione – costituisce l'espressione contemporanea del medesimo processo storico che aveva dato origine alle recinzioni delle terre britanniche. La controversia relativa alle nomine dei giudici della Corte suprema statunitense altri non è che un tentativo di privatizzare i beni pubblici recuperati attraverso la dottrina del "Public trust", o della tutela del patrimonio pubblico da parte dello stato.

La prima recinzione del "nuovo mondo" coincise con l'esproprio sanguinario delle terre e delle risorse delle comunità indigene, gli abitanti originari delle due Americhe, e sfociò nel peggior genocidio mai verificatosi nella storia umana. I presupposti religiosi e il razzismo dei colonizzatori, uniti a una visione del mondo meccanicista e a una forma di capitalismo selvaggio, legittimarono l'esproprio di quei territori. In America, l'economia delle recinzioni ha coinciso con le speculazioni finanziarie dei nuovi magnati, le ruberie dei pirati e degli avventurieri, la colonizzazione sfrenata dei cowboy. I coloni si arrogarono un diritto "naturale" di proprietà sulle terre occupate, richiamandosi alle teorie di Locke. L'esproprio veniva giustificato definendo la privatizzazione del territorio come mera estrazione di risorse naturali attraverso il lavoro umano. Le culture indigene e il loro lavoro non furono riconosciuti come umani, ma come parte della natura. La terra apparve così svuotata dei suoi abitanti: da *terra mater* divenne *terra nullius*, un territorio vuoto che i colonizzatori potevano trasformare in proprietà privata.

In seguito, il New Deal mitigò la natura aggressiva e rampante del capitalismo americano, recuperando parte del patrimonio comune attraverso la dottrina del "Public trust". Lo stato si è reso garante della tutela dei parchi nazionali, delle coste e dei corsi d'acqua, che tornarono a essere considerati come beni comuni.

L'attacco alla legislazione sull'ambiente che si sta svolgendo negli Stati Uniti costituisce un tentativo di smantellare la politica di recupero del patrimonio pubblico attuata dal New Deal, per poter disporre nuovamente dei beni e delle risorse pubbliche nei termini di proprietà privata. Come se non bastasse, questa linea di pensiero pretende di legittimare le sue nuove forme di esproprio e recinzione come espressione di un diritto naturale, accusando invece di furto e di espropriazione indebita proprio lo stato che tutela il patrimonio comune.

Il libro di Richard Epstein, *Takings: Private Property and the Power of the Eminent Domain* è la bibbia della "lega per la privatizzazione" dei capitalisti rampanti del Ventunesimo secolo e di giudici come Clarence Thomas e Antonio Scalia, che si sono richiamati al pensiero di Epstein per affossare le leggi sulla tutela dell'acqua e delle specie in pericolo di estinzione e per alterare altre leggi fondate sulla dottrina del "Public trust". Il problema, con Epstein come con Locke, è che la loro analisi difende il carattere sacro della proprietà individuale senza tenere conto degli espropri che le hanno dato origine, dalla recinzione dei territori comuni alle razzie compiute dai colonizzatori, dai cowboy e dalle grandi imprese. Secondo Epstein, qualsiasi tentativo di proteggere il patrimonio pubblico deve essere considerato come un indebito esproprio, da compensare risarcendo i privati che ne hanno subito un danno. Poiché il governo degli Stati Uniti ha varato delle leggi per la salvaguardia dell'ambiente che vietano la privatizzazione delle coste e l'inquinamento dei fiumi, esso dovrebbe anche "risarcire gli individui che ne sono stati vittime, con un rimborso che sia come minimo pari al danno subito all'atto della coercizione". [46]

Se questo principio fosse applicato fino in fondo, i nativi americani dovrebbero ricevere una ricompensa pari al valore dell'intero territorio nazionale. Ma i seguaci di Epstein non prendono in considerazione i diritti delle comunità locali, si limitano ad attaccare la politica governativa di difesa dell'ambiente. Così, nella vertenza "Nollan contro California Coastal Communities" del 1987, nella quale lo stato della California difendeva l'accesso pubblico alle coste, il giudice Scalia sentenziò che si trattava di un esproprio ingiustificabile. Scalia emise una sentenza di analogo tenore anche nella vertenza "Lucas", e nella causa "Dolan". Il giudice dichiarò illegale il tentativo statale di controllare lo sviluppo edilizio per prevenire le inondazioni.[47]

Questa nuova "lega per la privatizzazione" mira soltanto a compiere ulteriori espropri. Le coperture legali che la sostengono con sentenze che si richiamano al pensiero di Epstein si fondano su tre tipi di falsificazioni.

In primo luogo, si cancellano i furti della colonizzazione, i danni subiti dai nativi e il carattere prioritario dei loro diritti e delle loro ragioni.

In secondo luogo, si confondono gli interventi governativi ispirati alla dottrina del "Public trust" con gli espropri connessi al principio di "Eminent domain", secondo il quale lo stato ha il diritto di espropriare indiscriminatamente i beni privati. La dottrina del "Public trust" riconosce l'importanza fondamentale dei diritti collettivi dei cittadini sulla proprietà, sui beni e sulle risorse comuni, e delega al governo il compito di tutelare tale patrimonio pubblico. Al contrario, il principio di "Eminent domain" non riconosce la sovranità delle comunità locali e autorizza il governo a operare anche in contrasto con il bene pubblico e comune.

I governi che proteggono le foreste, le coste, i fiumi e l'atmosfera considerandoli come un bene pubblico si attengono alla dottrina del "Public trust". I governi che privatizzano terreni comuni per costruire dighe, autostrade o centri commerciali, costringendo gli abitanti a emigrare, sacrificano invece il bene pubblico per favorire interessi privati, a prescindere dai loro pretestuosi richiami alla pubblica utilità.

Infine, la terza deliberata falsificazione consiste nel sostituire gli interessi *individuali* a ogni forma di interesse *pubblico*. La definizione di pubblico non pertiene soltanto alla sfera degli interventi governativi, ma anche a quella degli interessi collettivi e delle organizzazioni comunitarie. Il capitalismo selvaggio riduce invece la società a un insieme di individui, ignorando l'esistenza delle comunità. Margaret Thatcher giunse a dichiarare che la società non esiste, esistono soltanto degli individui. Così, secondo Ayn Rand, il pubblico non possiede un'identità specifica poiché è formato da una mera aggregazione di identità individuali.

Anche il pensiero di Epstein si basa su una totale rimozione dei concetti d'interesse pubblico e comunitario. L'interesse pubblico viene ridefinito come somma di interessi privati, in modo tale da far apparire la privatizzazione dei beni pubblici come un vantaggio per la comunità. Per sostenere questa tesi mistificatoria, Epstein non esita a fabbricare dati. A suo dire, ogni dollaro guadagnato dalla collettività applicando le leggi per la conservazione ambientale ne fa perdere dieci al proprietario privato. Poiché l'interesse pubblico altri non è che la somma degli interessi privati, ne consegue che la politica di tutela dell'ambiente costituisce un danno anche per la collettività. Al contrario, la nostra indagine sui costi dell'allevamento dei gamberetti ha mostrato come ogni dollaro di profitto realizzato dall'industria dei gamberetti si traduca in una perdita di dieci dollari per le comunità locali. Senza la legge sulla regolamentazione delle zone costiere che tutela gli ecosistemi più a rischio, la Corte suprema indiana non avrebbe potuto sentenziare la chiusura delle aziende produttrici di gamberetti. Ecco perché, in India come negli Stati Uniti, le grandi imprese che ricavano altissimi profitti dalla distruzione delle economie locali della natura e della sussistenza stanno cercando di smantellare la legislazione sull'ambiente. Gli espropri brutali che tali aziende compiono ai danni della natura e della società vengono mascherati facendo passare come esproprio la politica governativa di protezione della natura e della società stesse.

Tale è il programma di privatizzazione e recinzione basato sullo smantellamento delle leggi che il capitalismo selvaggio intende attuare.

La precarizzazione del lavoro

Poiché comporta l'esproprio dei beni di una comunità, la privatizzazione produce anche esistenze più povere e precarie. I contadini che potevano usufruire delle risorse della terra, dell'acqua e della biodiversità per provvedere al loro sostentamento si ritrovano a dover contare soltanto sulle loro braccia. L'ascesa del capitalismo sostituì delle economie incentrate sui piccoli produttori con altre economie fondate sugli interessi del capitale. Prima della rivoluzione industriale, le corporazioni inglesi assicuravano ai loro membri un tenore di vita dignitoso e garantivano la qualità dei prodotti. La solidarietà reciproca svolgeva un ruolo centrale, in caso di malattia o povertà.

> Il sistema delle corporazioni era fondato su un controllo della produzione da parte dei lavoratori, che eleggevano un organo delegato a tale scopo. Al contrario, il sistema capitalista affida il controllo a dei quadri dirigenti che non appartengono ai ranghi dei lavoratori industriali e che si trovano spesso in conflitto con loro.[48]

Dopo anni di lotte per la difesa dei diritti dei lavoratori, almeno nei paesi industrializzati e nei settori più organizzati delle economie del Sud del mondo si è giunti a ottenere maggiori garanzie di sicurezza e tutela del posto di lavoro. L'attuale processo di globalizzazione sta però smantellando queste conquiste. Invece di assistere a uno sviluppo che favorisce una crescita dell'occupazione, riscontriamo oggi un aumento della disoccupazione. Secondo Jeremy Rifkin, negli Stati Uniti le grandi imprese stanno tagliando più di due milioni di posti di lavoro all'anno.[49]

Una delle maggiori conquiste dei lavoratori è stata l'impegno da parte delle imprese di provvedere alla loro vecchiaia. Attualmente, la globalizzazione economica aiuta gli imprenditori a sottrarsi a questa promessa. Le grandi imprese riescono a moltiplicare i margini di profitto dislocando la produzione nei paesi più poveri. Secondo i consulenti della McKinsey, le disparità di retribuzione a livello globale, dovute anche ai diversi trattamenti contributivi, sono tali da consentire alle aziende di dimezzare il costo della forza lavoro. Nel settore degli operatori telefonici, per esempio, la disparità di stipendi tra Stati Uniti e India è di dodici a uno. Un'indagine condotta dalla University of California di Berkeley nel 2003 rivela che le grandi imprese statunitensi hanno dislocato circa quattordici milioni di posti di lavoro, con una conseguente riduzione delle spese pari a circa trecento miliardi di dollari all'anno.[50]

Gli imprenditori si sottraggono ai loro doveri retributivi anche attraverso palesi violazioni dei contratti. Alcune imprese si spingono, come riporta il titolo di testa del "Wall Street Journal" del 10 novembre 2004, fino a "fare causa all'unione pensionati per tagliare i contributi per le spese mediche promessi". L'articolo si riferisce alla causa inoltrata da Rexam Inc., una ditta che produce lattine per bevande, contro George Kneifel, un suo pensionato, per non versare i contributi per le spese mediche previsti dal contratto.

La privatizzazione del sistema previdenziale che George Bush colloca in cima agli obiettivi del suo secondo mandato concede alle imprese la "libertà" di sfruttare il lavoro dei giovani e di ridefinire gli anziani come un peso per la società, come una nuova categoria di soggetti eliminabili. Poco importa che questi soggetti abbiano già versato il loro contributo alla società nei termini di anni di lavoro, e che adesso necessitino di assistenza da parte delle loro famiglie, della comunità, dei loro datori di lavoro e del governo.

La cecità del mercato

I principi organizzativi di un modello di sviluppo fondato sulla crescita economica non riconoscono valore alcuno a quelle risorse e a quei processi produttivi che non possono essere quantificati nei termini di prezzo sul mercato o di costi per la produzione di merci. Questo fa sì che spesso i programmi di sviluppo economico comportino una conversione o un esaurimento delle risorse di base necessarie per la sopravvivenza. Per l'economia di mercato, l'esproprio di risorse comuni – per esempio la conversione delle foreste da bene pubblico multifunzionale a monocolture di alberi selezionati a scopi industriali, o la trasformazione dell'acqua impiegata per soddisfare i bisogni umani e per irrigare le colture destinate alla sussistenza in fonte di irrigazione per l'agricoltura da reddito – entra spesso a far parte di un progetto di sviluppo economico, mentre per le economie della natura e della sussistenza essa produce soltanto sottosviluppo. I movimenti che si battono per una gestione democratica delle risorse terrene cercano di contrastare i pericoli che l'economia di mercato comporta per la sopravvivenza. Nel Sud del mondo, i movimenti ecologisti non sono un passatempo di lusso, ma un vero e proprio salvavita per quella maggioranza di persone che rischia di morire sotto i colpi inferti dalla crescita economica.

L'economia di mercato non coglie le ripercussioni che un atteggiamento distruttivo nei confronti delle risorse naturali e dell'ambiente può comportare, anche nei termini di crisi economica. Essa continua a proporre la sua crescita come unica soluzione alla crisi ecologica e sociale che ha generato. Anziché avviare una politica di rigenerazione ecologica graduale per ricomporre le basi dell'economia di sussistenza, si propongono piani di sfruttamento delle risorse naturali ancora più intensivi, sovvenzionandoli con ulteriori investimenti di capitali. La privatizzazione e la mercificazione dell'acqua diventano allora un rimedio per contrastare il prosciugamento o l'inquinamento delle risorse idriche, fattori questi che sono all'origine della crisi attuale, come ho spiegato in *Le guerre dell'acqua*,[51] ma dei quali il mercato si ostina a negare ogni responsabilità. In maniera analoga, la mercificazione della biodiversità introdotta dai brevetti sul vivente viene proposta per contrastare l'estinzione delle specie provocata dalle monocolture dei mercati globali. La malattia ci viene insomma presentata come una cura.

Sostenibilità

Condividiamo questo pianeta, che è la nostra casa, con milioni di altre specie. Un sentimento di giustizia e sostenibilità dovrebbe indurci a usufruire soltanto di quelle risorse di cui abbiamo effettivamente bisogno. L'impiego parsimonioso delle risorse e uno stile di vita che rispetta i limiti imposti dalla natura sono condizioni necessarie anche per lo sviluppo della giustizia sociale. Giustizia e sostenibilità, ecologia e impegno sociale convergono infatti nella tutela del patrimonio comune.

La sopravvivenza di beni comuni quali i pascoli, le foreste, o la stabilità degli ecosistemi, dipende dalla presenza di organizzazioni sociali che controllino lo sfruttamento delle risorse, verificando che esso si svolga secondo criteri etici ed ecocompatibili. Lo scioglimento di una comunità, con conseguente perdita dei valori connessi ai diritti di condivisione della proprietà e alle responsabilità collettive, facilita il degrado delle risorse comuni.

In ogni epoca di recinzioni e di migrazioni forzate, la retorica del progresso serve a far credere che l'esproprio delle risorse e dei mezzi di sostentamento dei poveri da parte di una minoranza di ricchi sia un passo avanti inevitabile per l'evoluzione del genere umano. Nonostante gli sconvolgimenti e le espulsioni che spesso produce, questa traiettoria di esclusione viene descritta come un processo di miglioramento delle condizioni di vita dei poveri. In altri termini, i concetti di progresso e sviluppo vengono astratti e universalizzati per mascherare le recinzioni e trasformare i profitti dei ricchi in benefici condivisi dall'intera società. Uno sviluppo che sradica e mette a repentaglio la sopravvivenza di comunità intere viene descritto come portatore di ricchezze e benessere. Questo è accaduto con la costruzione delle dighe, che ha provocato l'espulsione degli abitanti delle zone coinvolte. E questo si ripete anche oggi, con l'imposizione di infrastrutture necessarie alla globalizzazione – la costruzione di grandi viadotti e l'imbrigliamento dei fiumi – che sconvolgono l'esistenza di migliaia di persone. "Fulgida India", recita lo slogan di una gigantesca campagna pubblicitaria lanciata nel 2004 per sostenere i progetti connessi alla globalizzazione. "India devastata" avrebbero dovuto dire, se avessero considerato l'impatto ecologico, economico e culturale di tali interventi.

Stabilità

Una società che si trasforma seguendo criteri di sostenibilità tende a evolversi in maniera stabile, non in contrasto, ma in armonia con i suoi cicli vitali. La stabilità non equivale all'assenza di moto. Essa deriva piuttosto da un movimento progressivo orbitale simile a quello dell'elettrone intorno all'atomo, o della Luna intorno alla Terra. Le civiltà antiche possedevano una coscienza ecologica che consentiva loro di evolversi in armonia con la natura. Ma proprio come la fisica classica non è in grado di spiegare il moto dell'elettrone, così l'economia di mercato riduce la stabilità a una stagnazione, senza rilevarne il movimento. Le comunità indigene dell'Amazzonia, delle Ande o dei territori dell'Himalaya costituiscono esempi di culture che hanno mantenuto un'economia sostenibile per millenni e che, se riescono a sottrarsi alla globalizzazione, continuano a essere sostenibili anche nel presente. Avendo colto questo nodo cruciale, Gandhi asseriva che la civiltà moderna:

> Cerca di incrementare i piaceri materiali, ma fallisce miseramente anche in questo campo... C'è solo da aspettare con pazienza che questa civiltà si autodistrugga... e non c'è fine al numero di vittime delle sue devastazioni. Il suo effetto è nefasto al punto che gli esseri umani si consegnano alla morte convinti di agire per il loro bene. L'India e i suoi abitanti vengono accusati di essere così incivili, ignoranti e testardi da rendere vano qualsiasi tentativo di indurli al cambiamento. In realtà, questo nostro difetto costituisce la nostra forza. Non osiamo cambiare ciò che abbiamo verificato attraverso l'incudine dell'esperienza. L'India rimane stabile, nonostante le critiche. Questa è la sua bellezza, la nostra àncora di speranza per il futuro.[52]

Anche i movimenti ecologisti contemporanei insistono nel ribadire che i concetti di equilibrio e stabilità non vanno confusi con la stagnazione, che operare in armonia con i processi ecologici essenziali della natura non significa essere arretrati, da un punto di vista scientifico e tecnologico, bensì più progrediti, e che tale modello di sviluppo è essenziale per la sopravvivenza del pianeta e dei suoi abitanti. In un'epoca in cui un quarto della popolazione mondiale è vittima di carestie dovute all'esaurimento della fertilità del suolo, delle risorse idriche e della diversità genetica, inseguire il miraggio di uno sviluppo senza fine significa provocare un genocidio. Uccidere degli esseri umani distruggendo la natura è una forma invisibile di violenza che mette a repentaglio anche la pace, la giustizia e la sopravvivenza. Claude Alvares, scrittore e intellettuale impegnato nella difesa dell'ecosistema, ha descritto questo processo come una Terza guerra mondiale, "un conflitto senza precedenti, combattuto in tempi di pace, ma che comporta il maggior numero di morti e di soldati senza uniforme".[53]

Un'economia fondata su criteri di stabilità non può che riconoscere l'importanza fondamentale dell'economia della natura. Poiché essa fornisce le basi per lo sviluppo delle economie di sussistenza e di mercato, il suo accesso alle risorse naturali deve essere prioritario. Al contrario, l'attuale modello di sviluppo conferisce priorità all'economia di mercato e relega le economie della natura e della sussistenza a un ruolo marginale e secondario. L'accumulo di capitali produce una crescita finanziaria, ma prosciuga le riserve naturali di base necessarie per ognuna delle tre economie. Ne deriva un alto livello d'instabilità ecologica, come dimostrano le crisi ecologiche innescate dal disboscamento delle foreste a scopi commerciali, dall'irrigazione delle monocolture da reddito e dalla pesca intensiva. L'unico modo per risolvere tali sconvolgimenti ecologici è ricondurre le tre economie alle loro rispettive funzioni originarie, inserendole nel contesto stabile di una natura risanata. La figura 1 evidenzia la stabilità di un'economia che valorizza la natura rispetto a un'economia che privilegia gli interessi del capitale.

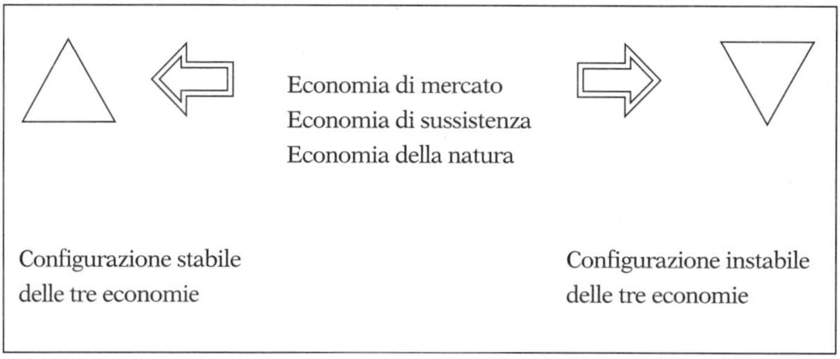

Figura 1

Se i concetti di sviluppo e crescita economica vengono intesi esclusivamente come processi di accumulazione di capitale, l'aumento delle risorse finanziarie all'interno dell'economia di mercato comporta una deviazione delle risorse delle economie della natura e della sussistenza. Questo genera conflitti per il controllo delle risorse naturali e una configurazione ecologicamente, politicamente e socialmente instabile dei rapporti tra natura, società e capitale.

L'insaziabile avidità di crescita e la retorica dello sviluppo sono i principali fattori responsabili delle crisi ecologiche e dell'esaurimento delle risorse naturali. L'Africa, per esempio, deve gran parte dei suoi squilibri ecologici alla massiccia introduzione di colture destinate ai mercati esteri che sono ecologicamente insostenibili. Così l'alterazione dell'equilibrio ecologico delle foreste tropicali del Sud America deriva dallo sviluppo dell'agricoltura e dell'allevamento a scopi commerciali nelle zone disboscate. In assenza di vincoli che la costringano a rigenerare le terre impoverite, l'agricoltura da rendita continua a incrementare i profitti prosciugando ogni risorsa disponibile e cambiando territorio non appena la produttività del suolo incomincia a calare. I costi relativi alla distruzione delle foreste dell'America latina, oppure dei campi agricoli e dei pascoli africani, non ricadono sulle multinazionali dell'industria alimentare, ma soltanto sulle comunità contadine e tribali. I costi dei disastri ecologici e dei danni arrecati all'economia di sussistenza vengono sostenuti soltanto dalla popolazione locale.

La retorica dell'inevitabile degrado dei beni e dei servizi pubblici

Lo sviluppo tecnologico e i processi di industrializzazione si sono imposti come criteri dominanti del progresso umano. Dai tempi della prima fase della rivoluzione industriale fino all'attuale rivoluzione delle biotecnologie, l'ideologia del progresso è stata a sua volta utilizzata per legittimare ogni forma di recinzione e privatizzazione. Dal punto di vista dei potenti, la recinzione dei terreni comuni era fonte di progresso, crescita e sviluppo. Per il popolo, invece, le recinzioni generavano una nuova povertà, una perdita di potere, e nei casi più estremi il pericolo di scomparire.

Le recinzioni minano l'unità di un popolo intorno al proprio patrimonio comune, poiché accentuano la contrapposizione tra gli interessi dei ricchi e quelli delle categorie più povere e marginalizzate. Concedere il diritto di recintare le terre per trasformarle in proprietà privata significa gettare milioni di persone nelle braccia della povertà. I difensori delle recinzioni cercheranno sempre di minimizzare questa tragedia, ma rimane il fatto che l'avidità, la sete di potere e l'esclusione non possono essere giustificate come fattori necessari per la sopravvivenza del genere umano. Ci sono comunità che dimostrano come gli uomini possano organizzarsi e governarsi democraticamente, assumendo insieme le decisioni necessarie per la gestione dei beni comuni e ricorrendo a forme di cooperazione e aiuto reciproco. Chi ritiene di dover premiare l'avidità e di poter giustificare l'appropriazione di un bene comune nei termini di proprietà privata non crede che la cooperazione, la condivisione e l'autoregolamentazione possano costituire delle alternative reali.

Thomas Hobbes, il filosofo delle recinzioni, concepiva la vita come un "brutto affare, breve e brutale". Gli esseri umani gli sembravano impegnati in un conflitto perenne, senza fine. Tale visione competitiva e aggressiva della natura umana è incompatibile con l'idea di una gestione comunitaria.

Nel Ventesimo secolo, Garrett Hardin si è cimentato in una lettura pseudoscientifica del dramma delle recinzioni. Hardin immagina che ogni beneficiario dei terreni comuni si sia confrontato con un cambiamento che comportava grandi miglioramenti a livello individuale – ovvero un capo di bestiame in più – al prezzo di un piccolo sacrificio collettivo – la perdita delle terre comuni. Secondo Hardin, l'esperimento dei pascoli comuni era comunque destinato a fallire, perché ogni proprietario avrebbe agito secondo i propri interessi introducendo sempre più capi di bestiame. In questo modo, egli cancella l'impatto devastante delle recinzioni descrivendole come un cambiamento ineluttabile.

Ciò che Hardin non vede è che l'esistenza stessa di un bene comune implica la presenza di una gestione collettiva e di una condivisione della proprietà. Ne consegue che la libera concorrenza non svolge sempre un ruolo dominante nelle società umane. Come scrive lo scienziato e filosofo Peter Kropotkin:

> Se... chiediamo alla natura "qual è il comportamento più adatto a garantire la sopravvivenza, impegnarsi in una guerra continua oppure sostenersi reciprocamente?", vediamo subito che quegli esemplari che hanno sviluppato un atteggiamento di aiuto reciproco sono sicuramente i più evoluti. Hanno maggiori probabilità di sopravvivere e raggiungono, all'interno delle rispettive specie, il più alto livello di intelligenza e sviluppo fisico.[54]

Buona parte delle comunità rurali del Sud del mondo si fonda ancora sul principio della cooperazione. I poveri non potrebbero sopravvivere se non si sostenessero a vicenda attraverso forme di cooperazione e di aiuto reciproco. Allo stesso modo, le economie di sussistenza hanno privilegiato per lungo tempo una forma di produzione finalizzata a soddisfare le esigenze dei produttori stessi, anziché il mercato. Una società che produce in base ai suoi bisogni e si fonda sulla cooperazione sviluppa una concezione del guadagno assai diversa, rispetto a quella delle società fondate sulla concorrenza e sul profitto. L'interpretazione di Hardin non tiene conto di queste differenze.

Hardin dimentica anche che è la comunità nel suo insieme a deliberare in merito al numero di capi di bestiame da far pascolare nel campo comune e nelle stagioni di pascolo. Il concetto stesso di terreno comune fa sì che i poveri non possano venirne esclusi e che i potenti non se ne possano impadronire, almeno finché permane una gestione comunitaria e collettiva. Nel momento in cui viene privatizzato il terreno, questo cessa di essere un bene comune e diventa proprietà privata, con o senza autorizzazioni legali. In realtà, la tragedia delle terre comuni fu innescata proprio dalla privatizzazione. Il degrado che Hardin attribuisce alle comunità contadine derivò infatti dallo sfruttamento intensivo delle risorse introdotto dai ricchi, che non si curarono dei limiti ecologici di rigenerazione dei terreni. Come osserva lo scienziato e ricercatore Daniel Fife:

> Sembra che i terreni comuni siano andati incontro a un irrimediabile degrado per cause proprie, ma le ragioni sono diverse. La fertilità delle terre diminuì in proporzione all'arricchimento dei nuovi proprietari. La gallina dalle uova d'oro venne uccisa per ricavarne un profitto.
> Nel mondo degli affari questa situazione è fin troppo frequente. Una gestione responsabile agisce in modo tale da mantenere in vita l'attività per un periodo di tempo illimitato. Ma se si sceglie di realizzare il massimo dei profitti in un breve periodo, il comportamento irresponsabile che ne deriva può condurre a un esaurimento delle risorse.[55]

Il degrado delle terre comuni rilevato da Hardin si è diffuso in molte zone del pianeta, in seguito all'indebolimento dei sistemi di controllo sociale che questo modello di modernizzazione e di sviluppo produce. Tuttavia, nei casi in cui le terre comuni non riescono nemmeno più a sopperire ai bisogni essenziali della popolazione, possono accadere catastrofi anche in assenza del libero mercato.

Le comunità rurali fanno parte della tradizione storica dell'India. Ancora oggi è facile scorgere tracce delle loro riserve di legname o delle piccole piantagioni che sorgevano lungo le strade. Nei villaggi tradizionali, la proprietà terriera privata e diseguale coesisteva con un'equa condivisione e cogestione delle risorse comuni. Il possidente poteva utilizzare le terre in funzione di un profitto personale, ma l'impiego delle risorse comuni, anche da parte dei proprietari terrieri, era soggetto al controllo della comunità.

Tali vincoli di natura sociale e culturale sono stati i principali meccanismi in grado di prevenire uno sfruttamento eccessivo delle risorse naturali. L'operato della comunità si fonda su un insieme di norme e valori condivisi, che si traducono in principi organizzativi e in forme di controllo riconosciute da tutti i membri. Una risorsa comune può essere gestita collettivamente soltanto attraverso l'accettazione implicita di alcune regole valide per l'intera comunità. L'economia del villaggio tradizionale riusciva a conciliare una gestione comunitaria delle risorse con le diversità socioeconomiche in virtù della sua autosufficienza. L'autosufficienza comportava un senso di appartenenza comune che impediva agli individui di opporsi al volere della comunità. Nei villaggi di pescatori della costa, per esempio, l'attività comune della pesca era regolamentata da controlli molto rigidi a cui tutti, indipendentemente dalle differenze socioeconomiche, dovevano sottostare. L'ingiustizia nei confronti dei più poveri avveniva al momento del ritorno a riva, quando la pesca veniva distribuita in rapporto alla proprietà privata. Tuttavia, la comunità imponeva delle restrizioni che limitavano lo sfruttamento delle risorse del mare da parte dei più ricchi. Le maglie delle reti, per esempio, non dovevano essere troppo strette, e non si poteva pescare durante il periodo di deposizione delle uova. Grazie a queste misure, l'ecosistema marino dell'India è rimasto integro per secoli. Le riserve di legname dei villaggi venivano protette grazie a meccanismi analoghi. Il controllo delle risorse comuni s'indebolì soltanto con l'intrusione dei grandi mercati urbani e industriali, che compromisero l'indipendenza economica dei villaggi e spezzarono l'equilibrio tra interessi individuali e norme comunitarie.

L'accesso ai mercati più importanti era, ed è tuttora limitato ai membri più ricchi della comunità, che possono avvalersi anche dell'aiuto di istituzioni scolastiche, burocratiche e finanziarie esterne al villaggio. In questo modo, i membri più ricchi cominciarono a sottrarsi alle norme dettate dalla tradizione, provocando a poco a poco il collasso dell'intera comunità. La meccanizzazione della pesca, svoltasi grazie alle sovvenzioni locali e internazionali, comporta per esempio una violazione delle norme tradizionali comunitarie e uno sfruttamento più intensivo delle risorse marine. Così, le nuove tecnologie introdotte nel settore dell'agricoltura permettono ai contadini più ricchi di non dipendere soltanto dalle risorse locali, ma di acquistare, per esempio, i fertilizzanti chimici prodotti dalle multinazionali e sostituirli al concime organico prodotto localmente. Queste sono le cause del lento degrado delle risorse comuni e delle regole comunitarie che le tutelavano.

Menzogne e verità sul problema della crescita demografica

Negli ultimi anni, vi è stata una proliferazione di studi che attribuiscono la crisi ecologica alla crescita della popolazione dei paesi sottosviluppati. Tra i più motivati ad addossare ai poveri una crisi ambientale prodotta dai ricchi spicca ancora Garrett Hardin. Hardin concepisce i poveri e i deboli del mondo come un eccesso di popolazione, un'inutile fonte di spreco delle risorse del pianeta. La sua "etica da scialuppa di salvataggio", come egli stesso la descrive, non privilegia le donne e i bambini, ma fa sì che in una situazione di crisi siano proprio i più deboli a dover essere sacrificati.[56] Secondo Hardin, per evitare la catastrofe occorre aiutare i ricchi a mantenere il controllo delle risorse. Questa è la posizione ufficiale del governo degli Stati Uniti, espressa dall'allora presidente George H.W. Bush al Vertice della Terra del 1992 e ripetuta, pochi giorni dopo l'11 settembre 2001, da Dick Cheney: "Il tenore di vita dei cittadini americani non è negoziabile". Se il tenore di vita di chi dilapida ogni risorsa deve essere protetto, gli altri popoli ne faranno le spese.

Per il governo degli Stati Uniti, controllare il tasso di crescita delle popolazioni è una questione di sicurezza nazionale. Il dipartimento della Difesa riassume così la sua visione:

> Per quanto il compito possa rivelarsi difficile e dagli esiti incerti, i nostri uomini politici e i nostri strateghi non potranno esimersi, nei decenni futuri, da un'analisi attenta e accurata delle variazioni del tasso di crescita delle popolazioni, delle loro cause e dei loro effetti... Dovranno servirsi di tutte le risorse istituzionali disponibili (quali l'assistenza allo sviluppo e i progetti di controllo demografico) adoperandole come delle vere e proprie armi.[57]

Un rapporto della National Security Policy rileva che la crescita demografica comporterà un aumento dei bisogni dei paesi coinvolti. Di conseguenza, "le imprese straniere che operano sul territorio potrebbero subire espropri o intromissioni. Che questo avvenga a causa di interventi governativi, proteste dei lavoratori, sabotaggi o tensioni sociali, il flusso di uscita dei materiali destinati al nostro paese sarà comunque compromesso".[58] Le esigenze economiche degli Stati Uniti condizionano il loro impegno per la stabilità sociale, economica e politica dei paesi fornitori. Se la politica estera del governo americano appare più interessata alle problematiche dell'ambiente, della crescita demografica e dei diritti delle donne a livello globale, questo dipende anche dal fatto che, come afferma un rapporto del Center for Strategic and International Studies, nei prossimi anni si prevede un aumento delle tensioni sociali soprattutto nelle zone ad alta densità di popolazione, in cui predomina una gestione patriarcale. I popoli del Sud del mondo devono essere controllati, per continuare a fornire le risorse naturali necessarie allo sviluppo delle grandi imprese americane.

Questa visione imperialistica del rapporto tra densità demografica e risorse non tiene conto dell'incentivo alla crescita della popolazione generato proprio dall'esproprio delle risorse dei popoli più poveri. Lo sfruttamento economico produce anche un ambiente favorevole alla crescita dei movimenti di resistenza. Non a caso, la rivolta zapatista esplose in Messico a Capodanno del 1994, lo stesso giorno dell'entrata in vigore dell'accordo Nafta.

L'attuale crisi demografica e ambientale non potrà essere risolta senza modificare i meccanismi di produzione e consumo. I poveri del mondo sono in aumento, ma le loro richieste non costituiscono la principale minaccia per la conservazione delle risorse terrene. Molto più devastante è lo spreco provocato dai sistemi di produzione, dal commercio a lunga distanza e dal consumo eccessivo dei paesi più ricchi. Addossare ogni colpa alle vittime e disconoscere il nesso tra incertezza economica, negazione dei diritti alla sopravvivenza e crescita delle popolazioni povere potrà soltanto aggravare il problema.

Un sistema che distrugge le piccole comunità locali e sottovaluta il danno del mercato globale non potrà mai proteggere gli ecosistemi del Sud del mondo. La maggior parte degli studi condotti sul rapporto tra ambiente e popolazione considera soltanto i bisogni delle popolazioni locali e il loro impatto sull'ecosistema, senza tenere conto degli effetti prodotti dalla richiesta di risorse proveniente dal mercato globale. Con le società umane, il "limite di portata" non deriva soltanto dal rapporto tra le dimensioni della popolazione locale e i sistemi di sostegno biologico di un dato ambiente. Occorre aggiungere un terzo fattore, ovvero il ruolo delle popolazioni dei paesi ricchi e delle loro richieste, che si sommano a quelle delle popolazioni povere e vanno a pesare sugli ecosistemi del Sud del mondo.

Le richieste dei paesi ricchi riducono notevolmente la quantità di risorse disponibili per soddisfare le popolazioni del Sud del mondo. In altri termini, una popolazione di dimensioni "sostenibili" rispetto alla produzione, al consumo e alle abitudini di vita locali diventa insostenibile in virtù delle pressioni globali.

Oltre a dover soddisfare i bisogni delle popolazioni locali, gli ecosistemi del Sud del mondo si trovano quasi sempre a dover rispondere alla richiesta di materie prime proveniente dai paesi ricchi. Il fabbisogno di risorse naturali dell'Olanda, per esempio, necessita di un territorio di dimensioni sette volte superiori a quello nazionale. L'"impronta ecologica" costituisce un modo per quantificare l'impatto ecologico dei sistemi di produzione e consumo non locali. Come spiegano Wackernagal e Rees, operatori del progetto Planning Healthy and Sustainable Communities, "l'impronta ecologica misura il 'carico' che una data popolazione impone alla natura e corrisponde all'estensione di terra necessaria per far fronte agli attuali livelli di consumo di risorse e produzione di rifiuti di questa popolazione".[59]

Amory Lovins, un esperto nel campo delle risorse energetiche, quantifica la richiesta di risorse naturali ricorrendo a una metafora, quella degli "schiavi" dell'energia:

> In termini di forza lavoro, la popolazione della Terra non ammonta a quattro, ma a circa duecento miliardi di abitanti. Il punto è che circa il 98 per cento di loro non si nutre di alimenti tradizionali.
> Secondo Lovins, ogni abitante della Terra consuma una quantità di risorse naturali che dovrebbe soddisfare il fabbisogno di cinquanta persone. La distribuzione delle richieste è tuttavia estremamente diseguale: "Il cittadino americano medio adopera una quantità di risorse che è di duecentocinquanta volte superiore a quella del cittadino nigeriano."[60]

Una politica di sviluppo ambientale sensata dovrebbe individuare delle misure di contenimento rivolte alle maggiori fonti di consumo energetico.

Un approccio sbagliato non può che produrre soluzioni inefficaci. Anche se i poveri del mondo, 80 per cento della popolazione mondiale, venissero eliminati attraverso il controllo della crescita demografica, la crisi ecologica continuerebbe a esistere. La scialuppa di salvataggio affonderebbe comunque, sotto il peso delle richieste dei ricchi e dei loro "schiavi" dell'energia.

Per spazio ambientale si intende la parte di risorse che spetta a ogni essere umano, dato l'insieme di risorse disponibili e la capacità dell'ecosistema terrestre di far fronte ai fattori inquinanti. L'attuale ripartizione fa sì che alcuni paesi producano più inquinamento di quanto la biosfera non sia in grado di sopportare, sottraendo ad altri paesi la loro legittima quota. Anche in questo caso, assistiamo a una forma di privatizzazione, o di "recinzione" dell'atmosfera. Da parte degli Stati Uniti, per esempio, che rappresentano meno del 5 per cento della popolazione mondiale ma producono il 36 per cento di inquinamento da Co2.

L'obiettivo delle nostre ricerche future è dunque quello di individuare i consumi non sostenibili non soltanto all'interno del fabbisogno di risorse locale, che è più evidente, ma anche di quello globale, che è molto più nascosto. In caso contrario, la retorica delle "popolazioni sostenibili" condurrà a una guerra ideologica contro le vittime del degrado ambientale del Sud del mondo, e particolarmente contro le donne povere, mentre l'effettiva provenienza della minaccia ecologica, ovvero i sistemi economici globali e il tenore di vita dei paesi ricchi, continuerà a essere ignorata.

Nel constatare il degrado delle terre comuni, Hardin e gli altri sostenitori del libero mercato come unica soluzione alle crisi ecologiche e al problema della sopravvivenza umana dimenticano di aggiungere che tale degrado si accentua con la recinzione dei terreni, con l'espulsione dei contadini e con lo sfruttamento delle risorse a scopo di profitto privato. In Inghilterra, le recinzioni trasformarono i campi arabili in pascoli per le pecore, "togliendo il pane di bocca agli uomini per ingrassare le bestie". Ai contadini sradicati non rimase che vendere la forza delle loro braccia.

La crescita demografica non costituisce la causa della crisi ecologica, ma soltanto un suo aspetto. Entrambi i problemi derivano dall'alienazione delle risorse e dall'azzeramento delle prospettive di vita dei popoli coinvolti. Anche in Inghilterra, la recinzione delle terre comuni coincise con una crescita demografica. La popolazione inglese (e gallese) passò da 7,5 milioni nel 1781 a 16,5 milioni nel 1831.[61] Nel 1600, l'India contava da cento a centoventicinque milioni di abitanti, una cifra rimasta invariata fino al 1800. In seguito, di pari passo con il rafforzamento del dominio coloniale britannico e con la riduzione delle risorse, dei diritti e delle prospettive di vita, cominciò a verificarsi anche una crescita demografica: centotrenta milioni di abitanti nel 1845, centosettantacinque milioni nel 1855, centonovantaquattro milioni nel 1867, duecentocinquantacinque milioni nel 1871. Come conclude Radhakamal Mukherjee: "La Pax Britannica produsse un aumento della popolazione senza precedenti, rispetto ai secoli passati".[62]

All'inizio del Ventesimo secolo, l'eccedenza di manodopera nel settore dell'agricoltura e la disparità tra popolazione e risorse disponibili provocarono un livello di disoccupazione e di povertà mai riscontratosi in una società moderna e civilizzata. Mahmood Mamdani ne descrive bene le conseguenze: "Bisogna scovare un'altra fonte di reddito e l'unica soluzione, come mi disse un sarto, 'è generare figli fino ad avere almeno tre o quattro maschi in famiglia'". In assenza di qualsiasi forma di assistenza sociale, e di ogni altro tipo di sicurezza, i figli diventano l'unica fonte di sostentamento su cui far leva. Una donna indiana priva di risorse, con un sistema sanitario inaccessibile o fatiscente, deve partorire sei figli per essere sicura che almeno uno di loro sopravviva abbastanza per prendersi cura di lei e del marito nella vecchiaia.[63]

Dopo decenni di politiche di controllo demografico fallimentari, sarebbe ora di affrontare l'essenza del problema, ovvero la povertà. Il degrado ambientale e la crescita demografica che lo accompagna si combattono soltanto restituendo ai poveri i diritti e l'accesso alle risorse necessari per riacquistare sicurezza e sviluppare un tenore di vita sostenibile.

Economie che apportano la vita

I danni provocati dall'attuale crisi ecologica in termini di sussistenza impongono un cambiamento di paradigma. La storia ci insegna che se una società disperde le risorse necessarie per provvedere al suo sostentamento inevitabilmente decade, nonostante la crescita iniziale. Il collasso dell'antica Mesopotamia e della civiltà romana, per esempio, coincise con la dissoluzione delle loro economie di sussistenza. Anche i pericoli che minacciano la sopravvivenza delle popolazioni subsahariane dipendono dall'esaurimento delle loro risorse di base. Nessuna società ha mai raggiunto una forma di sviluppo stabile e duraturo sfruttando eccessivamente le sue risorse.

I movimenti che si battono per realizzare una democrazia della comunità terrena nascono dalle lotte dei più deboli e degli esclusi, che sanno di dover preservare l'equilibrio dell'ecosistema perché da esso dipende la loro stessa sopravvivenza. I movimenti ecologisti e promotori di una maggiore giustizia sociale intendono offrire un futuro a questo pianeta, attivandosi per assicurare la sopravvivenza delle risorse terrene e per garantire a tutti i diritti di accesso fondamentali a tali risorse. In testa a questi movimenti troviamo le piccole comunità deprivate dei benefici del mercato globale, ma costrette a subirne i danni. Sono punte di resistenza che contrastano la tendenza a sradicare i popoli per trasformarli infine in soggetti eliminabili.

Quest'alternativa democratica alla globalizzazione economica è anche la risposta non violenta a una guerra che rischia di distruggere tutti, inclusi i vincitori. Le pratiche introdotte dai movimenti ecologisti emergenti costituiscono esempi significativi di come procedere per ottenere giustizia, sostenibilità e forme di sviluppo più eque ed ecologicamente sostenibili. Si tratta di movimenti piccoli, ma in fase di crescita. Di proteste locali, che ottengono però un impatto internazionale. Le loro richieste si limitano a ribadire il diritto alla sopravvivenza, ma tale rivendicazione implica l'esistenza di un mondo meno aggressivo e più equo. Finché non riusciremo a trasformare le nostre visioni del mondo e i nostri tenori di vita in funzione di un modello ecosostenibile, anche il diritto alla pace e alla giustizia sociale continuerà a essere violato, e la sopravvivenza stessa della specie umana rimarrà in pericolo.

Impegnarsi per un modello di sviluppo ecologista e democratico significa anche riacquisire il controllo sul nostro futuro, rivendicando il diritto all'autodeterminazione che la globalizzazione economica ci ha sottratto. I principi che ispirano questo nuovo paradigma derivano da una riflessione e da una sperimentazione di pratiche alternative condotte a livello comunitario. Il concetto di democrazia della Terra rimanda a una democrazia ecologista, impegnata nella tutela di ogni forma di vita. In troppi casi, la democrazia si riduce soltanto al diritto di voto, all'elezione di politici ambiziosi che poi ci voltano la schiena dicendo: "Non importa se siete contrari alla guerra, io la faccio lo stesso. Non importa se gli Ogm non vi piacciono, vi costringeremo a farne uso. Non importa se non volete privatizzare il sistema scolastico, noi lo privatizzeremo comunque". Questa "democrazia" non rappresenta i cittadini e non li coinvolge.

La nostra concezione di democrazia presuppone che i piani di sviluppo economico e la gestione delle risorse – dell'acqua, del cibo, della terra e della biodiversità – debbano tenere conto delle esigenze di tutti i membri della comunità. Una democrazia che tutela la vita è una democrazia che protegge ogni forma di vita, riconoscendo il valore intrinseco di tutte le specie e di tutti i popoli. Poiché ogni popolo e ogni specie si definisce anche per le sue specificità, una democrazia al servizio della vita considera la diversità non soltanto come fenomeno da tollerare, ma come condizione essenziale per la nostra esistenza. Ogni forma di vita, inclusi tutti gli esseri umani, ha il diritto naturale di condividere le ricchezze della natura e di assicurarsi il proprio sostentamento – ha diritto al cibo e all'acqua, a uno spazio ecologico e alla libertà di evolversi. Questo diritto non è stato sancito da uno stato e non può essere negato dall'avidità delle multinazionali.

Giustizia e stabilità

Secondo Gandhi, questi dovrebbero essere i principi costitutivi di un sistema economico:

> A mio avviso la costituzione economica dell'India, come peraltro quella del mondo intero, dovrebbe garantire che nessuno soffra la fame o il freddo. In altre parole, tutti dovrebbero essere in grado di trovare un lavoro che permetta almeno di provvedere ai bisogni più basilari. E questo ideale può realizzarsi universalmente soltanto se i mezzi di produzione dei beni primari restino sotto il controllo delle masse. È necessario che tali mezzi rimangano gratuiti e accessibili a tutti come sono, o come dovrebbero essere, l'acqua e l'aria che Dio ci ha donato. Che non vengano trasformati in forme di sfruttamento, né che diventino monopolio di uno stato, di una nazione o di privati. La miseria a cui assistiamo oggi, non soltanto in questo infelice paese ma anche in altre parti del mondo, deriva proprio dalla mancata applicazione di questo semplice principio.[64]

L'economia di mercato è autodistruttiva perché distrugge le economie della natura e della sussistenza, provoca una crisi ecologica ed economica, e propone un modello di sviluppo che non è equo né sostenibile. Al contrario, le economie che apportano la vita rigenerano i processi ecologici e riattivano la creatività, la solidarietà e la cooperazione sociale. Un'economia di questo tipo si fonda sulla centralità dei soggetti umani e si sviluppa attraverso dei progetti sostenibili, decentralizzati e rigeneranti. Tali progetti presuppongono forme di condivisione della proprietà e di coproduzione, di partecipazione e ripartizione dei compiti e dei diritti. Le economie che apportano la vita non sono delle mere astrazioni, ma delle realtà concrete in continua espansione che vengono realizzate dalla gente comune nella loro quotidianità.

Le economie che apportano la vita si fondano sull'energia vibrante, elastica e rinnovabile dei processi naturali e sulla ricchezza, sulla diversità e sulla sostenibilità delle risorse umane.

Sono economie eque e sostenibili, perché rispettano i limiti rinnovabili della natura e ripartiscono le sue risorse in modo da garantire il soddisfacimento dei bisogni dell'intera comunità. Ecco perché la difesa dei beni comuni, inclusa l'acqua e la biodiversità, è all'origine di molti movimenti che si battono per un'alternativa più democratica alla globalizzazione.

Decentramento e localizzazione

La maggior parte dei cittadini americani non si cura di ciò che accade in Iraq. Il dolore della guerra non viene percepito quotidianamente, se non dalle famiglie dei soldati inviati al fronte. La distanza è un fattore che isola. Ecco perché la pratica della localizzazione, del conferire centralità agli interessi e alle legislazioni locali, riveste un'importanza fondamentale. La localizzazione permette di assicurare giustizia e sostenibilità. Ciò non significa che ogni decisione debba essere presa a livello locale. Significa piuttosto che ogni decisione e ogni piano di sviluppo deciso a livello nazionale o globale debba essere discusso, determinato e approvato anche dalle democrazie locali. L'autorità dei vertici governativi deve provenire da una delega, in base al principio di sussidiarietà. Le decisioni migliori si prendono là dove il loro effetto può essere percepito più chiaramente. Questo principio costituisce anche un imperativo ecologico.

Le crisi ecologiche e di sopravvivenza che affliggono i paesi del Sud del mondo derivano da un disconoscimento del ruolo delle risorse naturali – come fonti di processi biologici e di sostentamento umano – e dal fatto che queste risorse vengono deviate o distrutte per la produzione di merci e l'accumulo di capitale. Per poter risolvere queste crisi occorre dunque che le comunità locali recuperino il controllo delle loro risorse, insieme al diritto, alla responsabilità e all'abilità di ricostruire un'economia della natura e della sussistenza. Questo è quanto alcuni modelli di sviluppo economico alternativo stanno cercando di realizzare.

Le economie che apportano la vita si fondano sulla creatività e sull'autonomia organizzativa dei loro membri. Esse si sviluppano gradualmente, muovendo da basi individuali fino a includere una comunità, una regione, un paese o l'intera realtà globale. Le relazioni più intense avvengono a livello locale, mentre quelle internazionali sono meno incisive. In questo senso le economie che apportano la vita contrastano con il modello economico dominante, che è globale e centralizzato. La loro localizzazione e decentralizzazione non implica isolamento o incapacità di coordinarsi a un livello organizzativo più alto. Si tratta piuttosto di una rete di piccoli sistemi indipendenti che interagiscono fino a creare un tessuto organizzativo articolato. In India, le donne di Lijjat Papa e i portatori di pasti caldi della cooperativa Tiffin di Mumbai, che vengono presi a modello anche dai giganti del mercato globale, costituiscono degli esempi particolarmente significativi di queste nuove realtà.

Controllare il mercato

Le economie che apportano la vita si fondano su due principi ecologici che i sostenitori del libero mercato tendono a ignorare, nonostante la loro importanza ai fini della protezione e del risanamento degli equilibri naturali e sociali. Tali principi sono il "principio di precauzione" e il "principio secondo cui chi inquina paga" sanciti dall'Agenda 21 della Conferenza Onu sullo sviluppo e l'ambiente, nota come "Vertice della Terra", del 1992. Il principio di precauzione invita a non intraprendere attività che possano costituire un pericolo per l'ambiente, mentre il secondo principio impone ai responsabili di risarcire i danni ecologici e sociali provocati e di provvedere alla pulizia dell'ambiente inquinato.

Secondo il principio del chi inquina paga, le imprese coinvolte nel commercio di combustibili fossili, o nella fornitura di servizi energetici e di trasporti che si avvalgono di combustibili fossili, dovrebbero rispondere dei danni provocati a livello di cambiamenti climatici, sviluppando processi che riducano l'emissione di Co2 e ricorrendo a forme di energia più sostenibili e rinnovabili. I cambiamenti climatici che l'uso di combustibili fossili e le emissioni di gas inquinanti, Co2 in particolare, provocheranno entro la fine del prossimo secolo sono ormai certi. La concentrazione di gas a effetto serra già presenti nell'atmosfera porterà a un aumento della temperatura da 1,9 a 5,8 gradi Celsius. I paesi industrializzati sono i maggiori responsabili per le emissioni di Co2, ma poiché i paesi del Sud del mondo dipendono maggiormente dall'agricoltura locale, poiché l'agricoltura tropicale è quella che più risente delle variazioni della temperatura e delle precipitazioni, e poiché l'innalzamento del livello del mare rappresenta un pericolo soprattutto per le piccole isole e per i villaggi costieri, i danni ancora una volta ricadranno soprattutto sui paesi più poveri.

Il Protocollo di Kyoto costituisce un tentativo di affrontare i problemi comuni connessi all'inquinamento atmosferico attribuendo la responsabilità di ridurre l'emissione di gas inquinanti ai paesi firmatari. I movimenti ecologisti e democratici chiedono invece che i danni ricadano direttamente sulle imprese responsabili, nelle persone dei loro dirigenti. La responsabilità dei governi dovrebbe essere quella di garantire, anche attraverso accordi internazionali, che i cicli della produzione e del consumo avvengano secondo criteri ecologicamente sostenibili.

Per un'economia che riqualifichi il lavoro umano

Il lavoro umano è fonte di sostentamento, ma anche di significati e ragioni di vita; è ciò che conferisce un senso all'individuo e alla comunità. Il lavoro si traduce in uno stile di vita e nella produzione di risorse vitali. Pertanto, esso non può essere ridotto alla vendita di prestazioni in cambio di denaro. Il contadino che coltiva il suo cibo non svolge un lavoro retribuito, ma possiede una sua attività. Tali attività si sviluppano in maniera autonoma e creativa, ma necessitano dell'accesso alle risorse comuni. I piccoli pescatori devono poter contare sulle risorse del mare, gli indigeni delle foreste sui beni forestali, le comunità agricole sulle risorse idriche e biologiche del terreno. La privatizzazione di tali beni non li deruba soltanto delle loro risorse, ma anche della loro autonomia e del loro lavoro.

Ogni anno, cinque milioni di contadini indiani si vedono costretti ad abbandonare le loro attività. Su una popolazione di un miliardo di abitanti, il 75 per cento è ancora dedito all'agricoltura. Nonostante nell'ultimo decennio si sia verificata una crescita annuale del 6 per cento del prodotto nazionale lordo, l'occupazione nei settori agricoli e manifatturieri è diminuita. Anche nel terziario si assiste a uno sviluppo che non crea nuovi posti di lavoro. La tanto declamata industria della tecnologia informatica produce attualmente meno dell'1 per cento del Pnl e impiega meno di un milione di persone, appena lo 0,1 per cento della popolazione. L'offerta di queste nuove professioni si rivolge inoltre a una percentuale inferiore al 5 per cento degli abitanti, quella piccola minoranza che può permettersi un'istruzione universitaria. La maggior parte della popolazione dipende ancora, e continuerà a dipendere, dai settori dell'agricoltura e dell'industria manifatturiera.[65]

Se la globalizzazione produce una crescita che non offre nuove prospettive occupazionali, ma al contrario riduce quelle già esistenti, le economie che apportano la vita devono garantire un impiego per tutti. Esse si incentrano infatti sul lavoro umano finalizzato al sostentamento, sul soddisfacimento dei bisogni sociali e naturali. Nelle economie che apportano la vita non vi sono conflitti tra interessi economici ed ecologici, perché queste dimensioni vengono considerate complementari.

Esempi di economie che apportano la vita

Le donne di Chipko sono state le prime a insegnarmi il valore e l'importanza dell'economia della natura. Per questa piccola comunità la foresta è come una madre che fornisce tutte le risorse necessarie per la sussistenza, dall'acqua al cibo, dal combustibile al foraggio e alle medicine. La loro protesta riguarda principalmente il problema delle slavine causate dalla deforestazione, ma l'abbattimento degli alberi ha provocato anche la scomparsa dei ruscelli, un peggioramento delle piogge torrenziali e dei periodi di siccità e una conseguente penuria di combustibile e foraggio. Dai tempi in cui il colonialismo convertì il patrimonio forestale, un bene comune destinato a provvedere ai bisogni delle comunità locali, in riserve di legname volte a soddisfare la richiesta di materie prime dell'impero, il disboscamento è diventato una delle attività più redditizie in India. L'economia di vita della comunità terrena ha dovuto subire l'economia di morte del mercato. Negli anni settanta, le donne dei villaggi cominciarono ad abbracciare gli alberi – *chipko* significa appunto abbraccio – per impedirne l'abbattimento. In seguito alla terribile alluvione del 1978, anche il governo si rese conto che le donne avevano ragione a concepire la foresta come una protezione ecologica, anziché come una miniera di legname. Nel 1981, venne vietata la deforestazione dei territori settentrionali dell'Himalaya. Abbracciando gli alberi come se fossero dei loro consanguinei, queste semplici donne si sono dimostrate più forti della polizia e delle pressioni esercitate dall'industria del legno.

Navdanya: economia di vita della catena alimentare

Navdanya è una rete che cerca di convertire l'economia suicida e genocida dell'industria agroalimentare imposta dal Wto e dalla Banca mondiale in un'economia che apporta la vita. Ne fanno parte più di duecentomila agricoltori che lavorano per rendere più fertile la terra, per migliorare le condizioni di vita dei produttori locali e per offrire ai consumatori dei prodotti di qualità. Rigenerare l'economia della natura significa ripristinare la fertilità del suolo e la biodiversità dei microrganismi. Con le sue coltivazioni biologiche diversificate, Navdanya riesce a evitare l'impiego di fertilizzanti chimici e pesticidi e a migliorare la produttività e l'apporto nutritivo del raccolto.

In questo modo, gli agricoltori della rete recuperano anche il 90 per cento dei costi di produzione, perché tale è l'aggravio dovuto all'acquisto dei prodotti chimici. Invece di arricchire le multinazionali, essi possono dunque investire nell'istruzione e nella sanità. Le loro entrate sono tre volte superiori a quelle degli agricoltori che si servono di prodotti chimici, non vi sono rifiuti tossici o danni alla biodiversità e il commercio equo li protegge dalla volatilità dei mercati e dalle speculazioni finanziarie.

Navdanya ha creato delle economie alternative che controllano i processi di produzione, preparazione e distribuzione degli alimenti. La coltivazione organica basata sulla biodiversità e il commercio equo garantiscono una maggiore sicurezza sul piano delle scelte alimentari, della salute e della stabilità. In questo modo tutti, non soltanto gli agricoltori, ma anche l'ambiente e i consumatori, ne ricavano un beneficio.

Questa gestione alternativa della catena alimentare contribuisce anche allo sviluppo di una democrazia e di una cultura che proteggono e valorizzano la vita. In contrasto con la dittatura delle multinazionali e il fascismo dell'industria alimentare, le economie alimentari alternative rafforzano la democrazia e si riappropriano di una cultura che è davvero fonte di vita, in contrasto con la cultura di morte propagandata dall'industria agroalimentare globale. Le economie che apportano la vita contraddicono anche la retorica di un'alimentazione industriale "a buon mercato". Il basso prezzo dei cibi prodotti industrialmente, geneticamente modificati e distribuiti a livello globale, deriva dalle sovvenzioni sul petrolio, sui prodotti chimici e sull'esportazione, e da altre forme di incentivazione economica quali le tasse sulle ferie o lo sfruttamento dei lavoratori che operano all'interno della catena di produzione alimentare. Se i prezzi dipendessero dai costi effettivi, il cibo prodotto industrialmente sarebbe così costoso da rimanere invenduto. La parola d'ordine non deve più essere "economico e cattivo", ma "equo e genuino".

Lijjat Papad: un'economia al femminile

In India vi sono comunità che si insediano nelle falde del mercato per poi diventare esempi concreti di economie che apportano la vita. Lijjat Papad, che prende nome da un gustoso involtino molto popolare nella cultura indiana, è una di queste. Nel 1959, un gruppo di sette donne di Gurgaum, Mumbai, decise di associarsi per preparare questo alimento tipico da vendere sulle bancarelle. In seguito, l'organizzazione è cresciuta fino a raccogliere quarantamila socie. Le vendite, che nel primo anno ammontavano a sole 6196 rupie, raggiungono oggi un fatturato di tre miliardi. Lijjat Papad possiede sessantatré filiali e quaranta cooperative aggregate sparse per tutta l'India. Il suo successo e la sua importanza in termini di economie che apportano la vita derivano da una particolare filosofia e struttura organizzativa. Come spiegano nel loro materiale illustrativo:

> La nostra organizzazione si affida soprattutto sulla sua filosofia. Noi non possiamo contare sulla forza del potere, perché non abbiamo molto denaro né protettori influenti. Eppure la nostra attività riesce a sopravvivere e a gestirsi molto bene, anche in assenza di veri e propri dirigenti. In realtà, siamo in crescita.
> Molti si stupiranno, si chiederanno come sia possibile. Come può funzionare una società senza capi, senza nessuno che dia ordini, in cui tutti godono di pari diritti? In realtà non c'è da meravigliarsi. La chiave del successo della nostra organizzazione sta nell'aver fatto tesoro di alcuni principi di fondo.[66]

Il materiale illustrativo prosegue spiegando quale approccio organizzativo ha permesso alla rete di svilupparsi in maniera sostenibile, assicurando anche condizioni di vita dignitose alle donne che ne fanno parte. Ecco alcuni concetti chiave:

> Proprietà comune – tutte le sorelle che si associano diventano comproprietarie. I profitti e le perdite vengono sempre ripartiti e condivisi tra le socie. Come recita la formula di adesione alla società: "Aderisco al concetto di condivisione della proprietà nel suo significato più ampio... invece di concentrare la mia attenzione su come realizzare profitti maggiori rispetto alle altre, mi prodigherò per fare in modo che nessuna guadagni meno di me".
> Nessuna discriminazione. La nostra organizzazione appartiene a delle sorelle. Queste possono essere di qualsiasi casta, religione, livello d'istruzione o estrazione sociale.

Volontariato. La nostra organizzazione si basa sull'attività volontaria delle sorelle. Ciò significa che ogni socia è libera di aggregarsi, se ne condivide la pratica e la filosofia, o di abbandonare l'organizzazione anche senza fornire ragioni specifiche... Nessun tipo di mansione viene considerata superiore o inferiore. Tutte godono di uguale importanza e le socie sono libere di scegliere l'attività che preferiscono.
Autonomia e indipendenza. La nostra organizzazione non accetta aiuti o carità. Questo fa parte dei nostri principi fin dalle origini. Non abbiamo mai accettato donazioni o sussidi e non abbiamo intenzione di accettarli nemmeno in futuro.
Commercio etico e impegno rivolto alla qualità, non al profitto. L'obiettivo di fondo della nostra organizzazione è guadagnare attraverso un duro lavoro e vivere onorevolmente. Senza profitti non saremmo in grado di mantenere in vita la nostra attività, ma dobbiamo riuscire ad amministrarla con grande competenza, saggezza e capacità.
La nostra organizzazione è come una famiglia. Oltre a perseguire il proposito di amministrarla con saggezza, ci impegniamo anche affinché le sorelle che ne fanno parte possano lavorare con soddisfazione, senza problemi organizzativi e con un sentimento di fiducia e di amicizia reciproca... Tutte le sorelle sono eguali. Non vi sono capi o lavoratrici subordinate, livelli superiori o inferiori. Tutte godono di uguali diritti all'interno dell'organizzazione... a prescindere dalle differenze in termini di remunerazione. Queste differenze non rendono superiori o inferiori, incidono soltanto sulla ripartizione delle responsabilità. Alcune sorelle si fanno carico di più responsabilità rispetto alle altre. La *Sanchalika* (la responsabile di una filiale, eletta democraticamente) del centro si assume il maggior carico di responsabilità e deve prendersi cura delle altre sorelle come farebbe una madre all'interno di una famiglia.
La nostra organizzazione è un luogo di culto. La consideriamo come un tempio, una moschea, un *gurudwara*, una chiesa... Crediamo che la società umana sia essa stessa un'espressione di Dio. Pertanto qualsiasi attività economica che si rivolge alla società deve essere finalizzata al bene comune, incluso il mio e il tuo. Un'attività economica che non persegua questo scopo e che venga condizionata da interessi egoisti e meschini potrà soltanto provocare disastri nella società. [67]

Dabbawala, la dignità del lavoro

Ogni giorno, nella zona sud di Mumbai, più di tre milioni di persone si recano al lavoro. A pranzo però, molti di loro possono gustare un pasto casalingo grazie a cinquemila *dabbawala* che consegnano i cibi caldi prelevati nelle case e distribuiti negli uffici. La Mumbai Tiffin Box Suppliers Association è una rete autogestita e priva di dirigenti, regole o statuti scritti, che riesce a effettuare 175.000 consegne giornaliere. Ciò che davvero sorprende è che tale attività si svolge in un arco di tempo di sole tre ore, avvalendosi di una rete di trasporti pubblici che si estende per ventotto miglia, e con una percentuale di errori di una su sedici milioni di consegne.

I *dabbawala* vengono considerati come i discendenti dei soldati del grande Chatrapathi Shivaji Maharaj, fondatore dell'Impero Maratha. Come afferma Raghunath Megde, presidente dell'associazione: "Nessun membro dell'associazione è un impiegato o un datore di lavoro, siamo tutti soci e comproprietari". I *dabbawala* hanno elaborato una loro strategia logistica per le consegne e un sistema di codifica. Ogni scatola contenente un pasto caldo viene identificata con una serie di codici che corrispondono al luogo in cui il pasto è stato ritirato, alle stazioni di origine e di destinazione finale, e all'indirizzo a cui deve essere recapitato.

L'intera rete è composta da unità decentralizzate, piccoli gruppi di una ventina di portatori circa. Ogni gruppo è indipendente dal punto di vista della gestione degli incassi, ma coopera con gli altri per la consegna dei pasti. Indipendenza non significa isolamento o frammentazione, bensì interdipendenza e reciprocità. Ogni *dabbawala* versa dieci rupie al mese all'associazione, ma a parte questo i singoli gruppi si occupano autonomamente del fatturato e del funzionamento quotidiano dell'attività. Questa rete di cinquemila portatori che riesce a effettuare milioni di consegne è autogestita e non si appoggia a interventi di supervisione esterni, a strutture organizzative dirette da terzi o a gerarchie dirigenziali. Il 15 di tutti i mesi, l'associazione si riunisce per affrontare i problemi e per risolvere eventuali dispute.

La rete non si limita a offrire ai soci l'opportunità di un impiego autonomo. Essa contribuisce anche a creare un legame tra la casa e il luogo di lavoro, tra la cucina e l'ufficio, e a mantenere in vita le diverse culture alimentari. In questo senso, i *dabbawala* costituiscono un'alternativa utile e concreta alla monocultura del fast food e alla mcDonaldizzazione della pausa pranzo nelle grandi metropoli.

Tali esempi di economie autogestite e sostenibili rovesciano la logica della globalizzazione economica, che elimina posti di lavoro e prospettive di vita per imporre gli interessi e le regole della Banca mondiale, del Fmi o del Wto.

Conclusione

I sistemi economici incentrati sui soggetti umani privilegiano la creatività, l'intelligenza e la pratica dell'autogestione. Le entrate derivano da investimenti in termini di lavoro, anziché di grandi capitali. Anche la proprietà si definisce in base al lavoro, e non rispetto al denaro. La sfera decisionale è decentralizzata. L'attività si svolge a livello locale, attraverso piccole unità autonome ma coordinate che danno vita a una rete su larga scala. Localizzazione non significa isolamento rispetto al resto del mondo, bensì autodeterminazione e interdipendenza.

Le economie incentrate sulla creatività umana riproducono dunque la diversità, l'autonomia organizzativa e la complessità dei processi naturali. Ogni singolo individuo, ogni gruppo, ogni comunità trova in se stesso il centro, ma si collega agli altri attraverso l'aiuto reciproco. Gandhi descrive bene tale interdipendenza:

> La società non deve essere una piramide con il vertice sostenuto dalla base. Dovrà al contrario essere un cerchio oceanico al cui centro si trova l'individuo, sempre pronto a sacrificarsi per il villaggio, il quale a sua volta sarà pronto a sacrificarsi per l'insieme dei villaggi, fino a che l'intero tessuto sociale diventerà un insieme di individui mai aggressivi o arroganti ma sempre umili, partecipi della potenza del circolo oceanico di cui sono parte integrante. In tal senso, la circonferenza più ampia non avrà il potere di dominare su quella più interna, ma darà forza a tutte quelle che si trovano al suo interno derivando al tempo stesso la propria forza da queste.[68]

2.
Democrazie che tutelano la vita

Troppo spesso assistiamo a un uso demagogico e riduttivo del concetto di democrazia. La guerra in Iraq doveva portare la democrazia al popolo iracheno, mentre invece ha disseminato torture, abusi e povertà. Si dice anche che la globalizzazione aiuti a diffondere la democrazia, perché il libero commercio e l'apertura dei mercati renderebbero le società più libere. Ma quest'affermazione non è veritiera. I mercati del capitalismo globale non sono aperti, perché il commercio viene regolamentato in modo tale da assicurare il controllo delle grandi imprese. Inoltre, le società coinvolte non diventano affatto più democratiche. La globalizzazione introduce un controllo dittatoriale sul cibo e sull'acqua, risorse fondamentali per la vita. Il mercato globale ci deruba delle nostre libertà già a partire dal livello primario della sopravvivenza. E la democrazia rappresentativa si rivela sempre più incapace di difendere i nostri diritti fondamentali.

La globalizzazione e i limiti della democrazia rappresentativa

Il capitalismo globale e i meccanismi del libero mercato fanno sì che le grandi imprese, le banche e le società finanziarie godano di un'immunità di fatto che permette loro di sottrarsi al controllo politico e sociale dei cittadini e dei governi. Le decisioni che condizionano l'economia mondiale, e con essa anche le nostre esistenze, vengono prese dal Wto, dal Fmi, dalla Banca mondiale, da Wall Street e dalle multinazionali a un livello che esorbita dalla sfera di controllo delle istituzioni democratiche, con conseguente declino della democrazia economica.

Il capitalismo globale distrugge anche le economie locali e nazionali, insieme alle prospettive di lavoro e di vita prodotte da tali economie, per incrementare i profitti delle multinazionali e le speculazioni finanziarie. Questo processo genera insicurezza, un'insicurezza che a sua volta va ad alimentare paura e isolamento, creando un terreno fertile per lo sviluppo di concezioni politiche basate su una visione angusta e razzista della difesa delle proprie identità culturali. Accade così che la democrazia rappresentativa sia sempre più condizionata da un nuovo nazionalismo culturale. Il nazionalismo culturale è una conseguenza inevitabile della globalizzazione.

Grazie ai meccanismi della democrazia rappresentativa i cittadini possono ancora, ovviamente, eleggere nuovi governi. Tuttavia, il controllo delle multinazionali e le pressioni introdotte dalla globalizzazione limitano molto la portata di tali cambiamenti, perché impediscono alle alternanze politiche di modificare le strategie economiche. A prescindere da quale partito vinca le elezioni – i Repubblicani o i Democratici negli Stati Uniti, i Laburisti o i Conservatori in Inghilterra, il Congresso o il Bjp (Bharatiya Janata Party) in India – in realtà, il governo resta sempre in mano alle multinazionali.

Per restituire ai cittadini le loro libertà, occorre reinventare il concetto di democrazia. Dobbiamo rafforzarne il significato ed estenderne i poteri. Il nostro contributo democratico non può limitarsi all'elezione di governi che si sottraggono al controllo dei cittadini e consegnano il potere alle multinazionali. Una democrazia impegnata a difendere la vita impone di rivendicare le nostre competenze e i nostri poteri decisionali. Essa si fonda infatti sul principio di autonomia organizzativa e di autogoverno (che Gandhi definiva *swaraj*). Dobbiamo estendere il raggio d'azione della democrazia fino a includere tutti gli esclusi – le comunità emarginate, i bambini, i prigionieri, gli anziani e le diverse specie che popolano il pianeta. Questa è la nuova democrazia che chiamo "democrazia della comunità terrena": un obiettivo politico indispensabile per tutelare le nostre libertà, per preservare gli ecosistemi necessari alla sopravvivenza, per garantire giustizia e sostenibilità, per porre fine alle guerre e promuovere la pace.

La crisi della democrazia nell'era della globalizzazione

Stiamo assistendo alla crescita simultanea di due tendenze opposte – la globalizzazione da un lato, e dall'altro l'affermazione e il recupero delle realtà locali. Il primo modello di sviluppo è condizionato dagli interessi delle multinazionali, mentre il secondo si concretizza attraverso l'azione delle comunità locali e dei movimenti di base. Il primo si fonda su una gestione elitaria del potere, mentre il secondo rispetta le decisioni che vengono prese dal basso. In realtà, la globalizzazione segna la fine della democrazia economica. Grazie ai meccanismi del libero commercio, le grandi imprese si sottraggono al controllo degli stati.

In una democrazia, la politica economica dovrebbe esprimere gli interessi e la volontà dei cittadini. Se i piani di sviluppo vengono controllati dal Wto, dalla Banca mondiale o dal Fmi, senza che i cittadini possano intervenire in alcun modo, non possiamo più parlare di una gestione democratica dell'economia, ma di una vera e propria dittatura economica. Ecco perché ci sono sempre meno differenze tra il partito del Congresso e il Bjp in India, o tra i Democratici e i Repubblicani negli Stati Uniti. Nessun partito è in grado di contrastare la politica economica delle grandi imprese. Le elezioni si limitano a mutare i governi ma la politica non cambia, perché chi comanda davvero, scavalcando gli interessi dei cittadini, sono le multinazionali. I loro diritti contano più di quelli del resto dell'umanità e delle specie viventi. E i loro profitti diventano valori prioritari, più importanti della vita stessa e della libertà.

Il caso dell'India, una tra le più estese e vivaci democrazie del mondo, illustra bene i limiti della democrazia rappresentativa quando si tratta di difendere i diritti dei cittadini. Le elezioni del 2004 hanno segnato una sconfitta del fondamentalismo religioso, come pure di quello del mercato. I cittadini hanno votato contro il programma di riforme economiche sostenuto dal capitalismo globale. Eppure, la prima cosa che il nuovo governo si è trovato a dichiarare è stato che le "riforme" non sarebbero state cancellate, ma che avrebbero avuto un volto più umano. I cittadini indiani chiedevano un'economia che avesse veramente un cuore umano, che si prendesse cura dei contadini e dei poveri, dei disoccupati e degli affamati – non una mera parvenza di umanità. Una concezione democratica dell'economia impone infatti di ripudiare gli aspetti più disumani della globalizzazione economica, quelli che assicurano i profitti alle multinazionali spingendo i contadini al suicidio, i giovani alla disoccupazione, i poveri a morire di fame e di sete.

La vittoria di Cancun

L'interruzione dell'incontro ministeriale del Wto di Cancun rappresenta una vittoria della democrazia nei confronti della dittatura, dell'equità rispetto all'ingiustizia, del Sud del mondo sui paesi più ricchi, degli esseri umani rispetto al capitale, e della vita stessa contro la morte.

Cancun, una località turistica affacciata sulle acque turchine e sulle spiagge bianche della costa orientale del Messico, ha assistito a una delle contese più accese e conflittuali dei nostri tempi. Dal 10 al 14 settembre 2003, le sue strutture alberghiere non ospitavano i soliti turisti, ma le delegazioni governative del Wto. Analogamente, le zone circostanti non straripavano di vacanzieri, ma di manifestanti che cercavano di valicare le barriere di protezione erette per contenere la protesta a dieci chilometri di distanza dal quinto incontro ministeriale del Wto.

L'incontro di Cancun si è concluso con un fallimento, proprio come quello di Seattle. L'opposizione ai piani genocidi imposti dal Wto è riuscito a far saltare i negoziati che dovevano estendere il controllo del Wto a ogni dimensione economica e vitale. Il suicidio del contadino coreano, Lee Kyung Hae, nel giorno d'apertura dell'incontro è stato un gesto tragico che ha rivelato a tutti la portata reale delle decisioni da prendere – non si trattava solamente di una regolamentazione del mercato, ma di questioni di vita o di morte. Lee si trovava nel terreno adibito a campeggio della Casa de Culture, oltre la zona degli alberghi, insieme ad altri contadini provenienti da tutto il mondo. La mattina del primo giorno, i contadini avevano deciso di manifestare davanti alla sede dell'incontro interministeriale. Quando giunsero di fronte alle barriere erette per tenerli lontani dalle trattative, Lee si arrampicò sulle barricate agitando uno striscione che recava la scritta "Il Wto uccide i contadini", e si pugnalò a morte. Portava con sé una lettera che diceva: "Mi tolgo la vita perché altri possano vivere".

Lee aveva già cercato di comunicare la sua disperazione al Wto. In un articolo pubblicato su "Korea Agrofood" nell'aprile del 2003, aveva scritto:

> In seguito agli accordi del ciclo negoziale dell'Uruguay, noi contadini coreani ci siamo resi conto di aver perduto il controllo del nostro destino... Le parole che adesso vi grido infuocano il mio corpo da molto tempo:
> Per chi state negoziando ora? Per il bene del popolo o per il vostro?

Smettetela con le vostre negoziazioni improntate a una logica sbagliata e con le vostre menzogne diplomatiche.
Lasciate che l'agricoltura rimanga fuori dal sistema del Wto.[1]

Dieci anni prima di Cancun, prima ancora che il Wto venisse costituito, alcuni membri della Federazione coreana dei piccoli agricoltori di cui Lee era stato presidente avevano manifestato in India per chiedere che l'agricoltura rimanesse esclusa dagli accordi sul "libero commercio". Nel periodo successivo alla protesta, le coercizioni e le frodi perpetrate dal libero commercio sono diventate evidenti. In realtà, il libero commercio è un commercio imposto – imposto ai piccoli agricoltori dei paesi poveri. Si tratta anche di una frode perché, se a parole ci si impegna a premiare l'efficienza e la libera iniziativa, i piccoli contadini efficienti vengono di fatto travolti da una valanga di prodotti provenienti dai mercati mondiali e finanziati con ingenti sussidi.

I contadini come Lee sono stati derubati del loro diritto alla vita dagli accordi del Wto che costrinsero la Corea ad aprire i suoi mercati del riso all'invasione di giganti dell'industria alimentare statunitense come Cargill e ConAgra. Nel 2001, il costo della produzione del riso negli Stati Uniti era di 18,66 dollari per bushel, ma sui mercati internazionali il prezzo scendeva a 14,55 dollari. Questa forma di *dumping* – vendita a prezzi inferiori rispetto ai costi di produzione – è considerata legale dal Wto, mentre qualsiasi tentativo di ostacolare la vendita sottocosto viene ritenuto illegale. I prezzi della produzione agricola continuano a scendere anche per la concorrenza sleale introdotta dalle sovvenzioni all'esportazione, dall'obbligo a sospendere tutte le restrizioni alle importazioni (Qr) e dall'abbassamento delle tariffe. Già prima di Cancun, Pascal Lamy, allora membro della commissione per il Commercio dell'Ue, annunciò che l'Unione Europea non avrebbe tagliato le sovvenzioni all'esportazione. Analogamente, gli Stati Uniti avevano dichiarato che non intendevano ridurre gli aiuti alla produzione nazionale. Nonostante l'impegno preso a Marrakech di ridurre le sovvenzioni all'agricoltura dei paesi ricchi per creare un livello di concorrenza più equo, da quando gli accordi del Wto sono entrati in vigore, gli Stati Uniti e l'Ue hanno di fatto aumentato i sussidi alla loro produzione. Il Wto ha riconosciuto questi aumenti inventandosi due nuove classificazioni – le sovvenzioni verdi, che dovrebbero contribuire allo sviluppo di piani per la salvaguardia dell'ambiente, e le sovvenzioni blu, che non dovrebbero interferire sul mercato perché riguardano soltanto la produzione. In realtà, questi sussidi interferiscono eccome, dal momento che incidono sui prezzi. Grazie a tali sotterfugi, i sussidi ufficiali sui cereali Ue sono stati diminuiti del 60 per cento, passando da 2,2 miliardi di ecu nel 1992 a 883 milioni di euro nel 1999, ma le sovvenzioni effettive sono cresciute di 12,8 miliardi di euro. Considerando anche i rimborsi per l'esportazione, l'ammontare totale dei sussidi sui cereali ha raggiunto 2985 miliardi di euro nel 1999. Rispetto al 1992, si è dunque verificata una crescita pari a 785 milioni di euro.[2]

Dopo il Farm Act del 2002, i sussidi per la produzione e l'esportazione del cotone negli Stati Uniti sono aumentati di almeno quattro miliardi di dollari. Nel 2001 il costo di produzione del cotone era di 0,93 dollari per bushel, mentre il prezzo per l'esportazione scendeva a 0,40 dollari per bushel, con un sottocosto pari al 57 per cento. Nel 1995, il sottocosto era pari al 17 per cento. La politica delle sovvenzioni destinate a far calare il prezzo delle esportazioni agricole perpetrata dagli Stati Uniti, unitamente agli accordi del Wto che vietano ai paesi poveri di limitare le importazioni per proteggersi dagli effetti devastanti del *dumping*, sta distruggendo l'agricoltura del Sud del mondo. Recentemente il governo americano ha stanziato un aumento dei sussidi di ottantadue miliardi di dollari per rimborsare la differenza tra l'attuale prezzo del cotone sui mercati internazionali, pari a 1,23 dollari al chilo, e un prezzo ideale fissato a 1,57 dollari al chilo. In questo modo, i giganti della produzione di cotone statunitense hanno ricevuto 3,9 miliardi di dollari. Dal 1995, anno di creazione del Wto, a oggi, gli Stati Uniti si sono avvalsi di tali sovvenzioni per raddoppiare l'esportazione di cotone, con conseguenze disastrose per le prospettive di vita e per le entrate economiche di duecentocinquanta milioni di produttori di cotone africani.

Questa frode legalizzata in nome del libero commercio dei prodotti agricoli è stata la principale causa del fallimento dell'incontro di Cancun. Il martirio del contadino Lee rappresentava un grido di denuncia e di resistenza proveniente dalle barricate, ma il dissenso cominciava a crescere anche all'interno del Wto.

Già prima dell'incontro di Cancun, gli Stati Uniti e l'Unione Europea avevano raggiunto un accordo sull'agricoltura che mirava, di fatto, a costringere il Sud del mondo a smantellare ulteriormente le barriere al traffico commerciale e a mantenere inalterati i sussidi all'esportazione dei giganti dell'agroindustria americana ed europea. Un gruppo di ventuno paesi in via di sviluppo formulò allora una controproposta, sostenendo che prima di introdurre un'ulteriore riduzione delle tariffe bisognasse rimuovere quei sussidi all'esportazione che devastavano l'agricoltura del Sud del mondo. C'è stato uno scontro frontale tra le due proposte. Il terzo giorno, il Wto formulò una bozza di dichiarazione conclusiva che non teneva conto dei problemi evidenziati dai paesi poveri. Peggio ancora, la richiesta di protezione dall'invasione del cotone americano avanzata dai produttori africani veniva liquidata con un paragrafo in cui si suggeriva agli africani di abbandonare la produzione di cotone. Quando questa dichiarazione fu resa nota, un rappresentante dei paesi africani dichiarò: "Se gli africani lasciano Cancun senza avere ottenuto dei risultati concreti potrebbero anche non ritornare, perché tutti i nostri sforzi sembrano vani".

L'abbandono del convegno da parte di alcuni paesi membri guidati dalle delegazioni africane rappresenta un rifiuto esplicito dell'imposizione di nuove sovvenzioni, fondi governativi, politiche concorrenziali e facilitazioni al commercio. Ma il fallimento di Cancun, al pari di quello di Seattle che lo ha preceduto, sottolinea anche l'esigenza di escludere dai trattati sul libero commercio ogni questione attinente all'agricoltura e alla proprietà intellettuale.Tali questioni andrebbero affrontate in termini di sopravvivenza dei popoli anziché di commercio, e per questa ragione è meglio che rimangano di competenza dei governi nazionali.

Gli Stati Uniti e l'Unione Europea speravano di servirsi di Cancun per ribadire il loro diritto a sostenere il *dumping* e il commercio non equo dei giganti dell'agroindustria. Il Wto avrebbe dovuto facilitare ulteriormente l'accesso ai mercati mondiali. Ma questa politica arrogante si trova a dover fare i conti con le nuove alleanze dei paesi in via di sviluppo e con le proteste di cittadini di tutto il mondo che si sono sviluppate nell'ultimo decennio. Lamy, che fa parte della commissione per il Commercio dell'Ue, dichiara che il Wto è un'"istituzione medievale", mentre Robert Zoellick, portavoce degli Stati Uniti per il commercio, insulta i delegati dei paesi poveri definendoli il gruppo dei "non facenti". I paesi ricchi hanno fatto capire che non intendono rivedere le loro posizioni, e che non permetteranno a nessuno di riformare il Wto. È di vitale importanza, pertanto, che questo liberismo unilaterale che distrugge i nostri contadini e la nostra agricoltura venga fermato. È giunto il tempo di contrapporre gli interessi del nostro paese e dei cittadini all'avidità e alle menzogne delle multinazionali dei paesi ricchi. Occorre reintrodurre delle misure restrittive per l'importazione, come richiede la Indian People's Campaign che è stata organizzata contro il Wto. Il paradigma del liberismo commerciale ha ricevuto un duro colpo a Cancun. È ora di sostituirlo con un modello di commercio equo che sostenga lo sviluppo delle economie locali e nazionali. È necessario anteporre i bisogni dei soggetti umani alla logica del profitto, gli interessi della produzione nazionale a quelli del commercio internazionale.

Dopo il fallimento del Wto di Cancun, e in assenza di un accordo interministeriale, l'incontro di Ginevra non potrà legittimamente negoziare nessuna nuova apertura dei mercati internazionali. Occorre approfittare della perdita di autorità riportata dal Wto a Cancun per riconquistare uno spazio democratico e riformulare la nostra politica economica in funzione della vita, anziché dei profitti aziendali. La vittoria riportata a Cancun è stata una vittoria della democrazia. Occorre adesso sostenerla assicurandoci che le nuove intese di carattere economico e commerciale non violino le nostre costituzioni e i diritti umani fondamentali. Dobbiamo impedire al mercato globale condizionato dai profitti delle grandi imprese di compromettere le prospettive di vita e le economie locali. Un'economia democratica deve crescere dal basso, come un albero, mantenendosi radicata agli ecosistemi, alle culture e alle economie locali, con un tronco che sostiene un'economia nazionale robusta e vibrante e dei rami che nutrono e vengono nutriti da un commercio internazionale fondato sui principi della sostenibilità, dell'equità e della giustizia. Il fallimento di Cancun può aiutarci a conquistare le alternative che sappiamo di dover perseguire per proteggere il pianeta e tutte le forme di vita che lo popolano.

A Seattle e a Cancun, i popoli e i governi del Sud del mondo sono riusciti a esercitare i loro diritti democratici e a sconfiggere temporaneamente la dittatura economica, ma ci sono altri pericoli, altre strategie che rischiano di compromettere la democrazia. Tra queste, non sottovalutiamo la politica del "dividi e governa" perpetrata dal fondamentalismo e dalle ideologie che fomentano l'esclusione: pratiche diversive che possono sviare e depotenziare le energie democratiche dei cittadini.

Democrazia liberista e fondamentalismi

Gli accordi sul libero commercio orchestrati dal Wto e i programmi di aggiustamento strutturale voluti dalla Banca mondiale e dal Fmi rappresentano esempi di misure impopolari, sancite contro la volontà del popolo. Le decisioni del Wto, della Banca mondiale e del Fmi non vengono prese seguendo una procedura democratica. Queste istituzioni impongono dei piani di sviluppo che derubano i poveri delle loro risorse per trasferirle ai ricchi e alle multinazionali. Un'economia democratica dovrebbe invece riconoscere il potere decisionale del popolo e interpellarlo in merito a ogni questione relativa all'economia e alla proprietà dei beni produttivi, soprattutto delle risorse naturali. Dovrebbe valorizzare i contributi creativi e produttivi di ogni individuo, a prescindere dalle differenze di classe, genere, razza o etnia. A differenza del mercato globale, un'economia democratica non ammette l'eliminazione delle categorie sociali più deboli. Questa è l'ingiustizia, il sentimento di degradazione che induce a rifugiarsi nel fondamentalismo religioso per recuperare una propria identità, per conferire un senso alla propria vita. Non è il permissivismo democratico, bensì la globalizzazione che favorisce di fatto l'ascesa del fondamentalismo religioso, così come i liberi mercati determinano una reazione improntata sul terrorismo e sull'estremismo. Come scrive Amy Chua:

> L'affermazione globale della democrazia intesa come liberismo economico costituisce la causa principale del diffondersi di nuovi movimenti improntati all'odio e alla violenza etnica nei paesi non occidentali. In questi paesi, la democrazia liberista privilegia infatti alcuni gruppi etnici a scapito di altri, contribuendo così a generare instabilità e tensioni sociali. I mercati concentrano enormi quantità di beni nelle mani di una minoranza di privilegiati, scatenando l'odio e l'invidia etnica di una maggioranza che è di norma cronicamente povera.[3]

Il fondamentalismo nasce dal timore, quella stessa paura che la globalizzazione, prevaricando la giustizia, l'uguaglianza e la democrazia, contribuisce ad alimentare. Nessuna società può ritenersi immune da tale pericolo. Non stupisce che i movimenti religiosi in India abbiano ottenuto risultati elettorali significativi proprio in seguito all'applicazione delle riforme liberiste imposte dalla Banca mondiale e dal Fmi nel 1991. E non c'è da meravigliarsi se il conservatorismo culturale e religioso abbia influito più delle questioni economiche e della guerra in Iraq nel determinare l'esito delle elezioni del 2004 negli Stati Uniti.

La globalizzazione fomenta i conflitti tra culture diverse perché annienta l'identità culturale di un popolo e la trasforma in un'identità in negativo. Nel momento in cui la sicurezza del posto di lavoro vacilla e le prospettive di vita diventano sempre più incerte, anche l'identità culturale dei singoli individui tende a svuotarsi. Ciò che noi siamo, da un punto di vista ecologico ed economico, dipende dal nostro radicamento al luogo e alla comunità di appartenenza. Il vuoto esistenziale provocato dalla perdita del posto di lavoro e di una prospettiva di vita dignitosa viene compensato da un'identità in negativo, da un "non essere come gli altri". Negli Stati Uniti come in altri paesi, molti agricoltori non sono più in grado di conferire un senso alla loro esistenza perché i debiti contratti e le pressioni subite hanno sottratto loro la terra cui erano radicati.

Questi nuovi esclusi vengono manipolati facendo leva sulle loro identità negative per costituire delle banche di voti e dei gruppi di pressione. Sorgono così dei conflitti culturali tra identità in negativo che mirano a sviare il controllo democratico dell'economia. Attraverso un circolo vizioso, queste culture e questa forma di democrazia in negativo – una democrazia che non è più "del popolo, fatta dal popolo e per il popolo", bensì "di proprietà delle multinazionali, costituita da loro e per i loro profitti" – si trovano ad appoggiare le stesse politiche economiche non sostenibili e disumane che le hanno compromesse. I politici devono vincere le elezioni, ma non possono intervenire nei processi economici in difesa dei loro elettori. Essi decidono pertanto di tralasciare gli obiettivi economici e di fare leva sull'insicurezza e sull'identità culturale e religiosa. Se viene estromessa dal controllo della vita economica, anche la politica degenera in una forza che mira soltanto a dividere, anziché a unire. Il pluralismo e le diversità culturali, che costituiscono le fondamenta stesse della democrazia, vengono sopraffatti dagli assalti del mercato e dalle manipolazioni della classe politica.

Rafforzare le autonomie locali per trasformare la globalità

Il capitalismo globale ha escogitato delle regole che compromettono l'autonomia e la sovranità dei nostri spazi ecologici, economici, culturali, sociali, politici, etici e spirituali. Da un lato, la globalizzazione ridefinisce la vita alla stregua di un oggetto di commercio e il mondo come un insieme di merci. Dall'altro, essa limita la nostra percezione del mondo a quella dei mercati e delle istituzioni globali. Ma il concetto di globalità può significare molte altre cose. Potremmo impiegarlo per esprimere i nostri valori universali in quanto esseri umani – ciò che proviene dall'esperienza delle nostre vite e dalle nostre fedi religiose, ciò che abbiamo sancito attraverso la Dichiarazione dei diritti umani dell'Onu. Oppure potremmo servircene per definire l'umanità come una specie tra le altre, perché l'appartenenza al mondo è ciò che al tempo stesso ci accomuna e ci rende diversi. Esperire la globalità significa sentirsi parte della famiglia terrena. E in quanto membri della famiglia terrena, la nostra consapevolezza ci impone di rispettare e proteggere la sovranità, l'integrità e gli spazi ecologici di tutte le altre specie. Ne consegue che abbiamo anche il dovere di ridurre la nostra impronta ecologica sulle risorse del pianeta.

Nei sistemi di produzione e consumo delle realtà locali, i costi ecologici e sociali vengono direttamente incorporati. Non permangono come questioni da risolvere in un secondo momento, e non vengono elusi con espedienti quali i "permessi di scambi di percentuali di inquinamento" che non fanno che accrescere l'inquinamento stesso e l'ingiustizia. Se davvero intendiamo proteggere le risorse del pianeta, assicurare a tutti il diritto a un'esistenza dignitosa e garantire la giustizia e la sostenibilità, dovremo anteporre gli interessi degli individui e della natura alla logica degli affari e dei profitti, l'ecologia e l'equità al commercio, i cittadini alle multinazionali, la democrazia locale al mercato globale, e il nostro vissuto quotidiano alle costruzioni astratte del capitalismo e delle gerarchie patriarcali di ogni genere.

La localizzazione si fonda sull'interdipendenza di natura e cultura, di esseri umani e altre specie, di realtà locali e globali, di micro e macrodimensioni. Ogni luogo, ogni persona e ogni essere vivente costituisce il centro del mondo, l'origine e la meta di cerchi concentrici di compassione e amore che si estendono verso l'infinito. Il neoliberismo pone Washington al centro del mondo e pensa di poter eliminare tutto ciò che non rientra in questa prospettiva. La lobby di Washington, che non è in grado di riconoscere la pluralità degli esseri umani, delle culture e delle economie, non riesce nemmeno a percepire i costi ecologici e sociali della globalizzazione economica. Ecco perché i fautori del libero mercato rimangono sordi ai lamenti di chi ne fa le spese e di chi viene annientato. La globalizzazione non possiede meccanismi di autoregolamentazione. Al contrario, le realtà locali sono costantemente condizionate dal controllo ecologico della natura e dal controllo politico e culturale della comunità.

Le economie locali non costituiscono l'unica forma di economia possibile, ma sono le fondamenta di un commercio internazionale equo. Crescendo dal basso verso l'alto, dall'interno verso l'esterno, dalla dimensione locale a quella globale, l'economia si rafforza in maniera equa e sostenibile, senza ricorrere allo sfruttamento o a sovvenzioni che distruggono la produzione e le prospettive di vita delle comunità locali. La localizzazione smaschera anche il mito del cibo industriale a basso prezzo, l'idea che il commercio di una produzione alimentare non locale possa essere più conveniente. L'esportazione di prodotti sottocosto, che peraltro sconvolge l'equilibrio ecologico del pianeta, uccide i contadini e dissemina malattie, è resa possibile dall'impiego massiccio di combustibili fossili, che abbatte il costo dei trasporti e di conseguenza i prezzi della produzione non locale, dai sussidi all'esportazione, che riducono i prezzi internazionali e favoriscono il *dumping*, e dal monopolio dell'industria agroalimentare, che consente alle grandi imprese di schiavizzare i contadini. Questo cibo a basso prezzo è in realtà carissimo, per i danni che provoca all'ambiente, agli agricoltori e alla salute. Sembra economico, perché i suoi costi reali non vengono rivelati. La globalizzazione economica si basa sulla menzogna. Al contrario, la localizzazione genera delle economie oneste, con costi e prezzi trasparenti.

Vi sono iniziative volte a consolidare le economie locali, come il commercio equo, le economie solidali e le coltivazioni finanziate dalle comunità, che rispettano la dignità del lavoro umano e retribuiscono pienamente i produttori. Questi modelli di sviluppo alternativo crescono con difficoltà, per via degli accordi commerciali coercitivi e antidemocratici che condizionano i mercati, ma la loro molteplice presenza è comunque significativa. Si tratta adesso di modificare il contesto di fondo, per consentire alle economie locali di evolvere e di sviluppare appieno le loro potenzialità. Un approccio democratico alla globalità si fonda sulle diversità, sulle molteplici espressioni della creatività e della produttività degli esseri umani e della natura. Per affermarsi, le economie locali devono poter contare anche su dei governi che facciano il loro dovere – che seguano l'esempio delle delegazioni dei paesi poveri a Cancun e pongano un freno all'accelerazione e all'espansione del capitalismo globale. E devono poter contare su cittadini che si mobilitano globalmente per protestare, com'è accaduto a Seattle e a Cancun. Ma soprattutto, è necessario che si moltiplichino le iniziative a livello nazionale e locale volte a contrastare la globalizzazione liberista e a costruire alternative concrete. Le economie che apportano la vita devono svilupparsi dal basso verso l'alto e dall'interno verso l'esterno, come un albero che prende forma da un seme. Al contrario delle economie genocide e suicide, che vengono decise dall'alto e imposte ai popoli e alle nazioni, le economie che apportano la vita si creano in sinergia con la natura e grazie alla solidarietà degli individui. Esse si fondano su relazioni di interdipendenza che nulla hanno a che spartire con i meccanismi di dipendenza generati dal capitalismo globale, meccanismi che impoveriscono il Sud del mondo e indebitano i contadini fino a indurli al suicidio.

Le economie di vita si fondano sulla non violenza e sulla solidarietà compassionevole, a differenza delle economie di mercato, che sono mosse dalla violenza e dall'avidità. Un'economia che apporta la vita può crescere soltanto se viene nutrita e coltivata da una democrazia che protegge la vita.

Si è molto discusso delle alternative al capitalismo globale, ma troppo spesso il dibattito degenera in uno scontro tra visioni contrapposte. Irrigidirsi sulle proprie posizioni non aiuta a costituire un movimento. La creazione di una democrazia che tutela la vita è un obiettivo che deve unificare, anziché dividere. Per realizzarlo dobbiamo chiedere ai governi e alle istituzioni di conferire un maggiore potere ai cittadini e alle comunità, e dobbiamo esigere che i governi nazionali, le istituzioni internazionali e le multinazionali si comportino in maniera più democratica e si sottopongano al controllo sociale. In questo senso, le iniziative volte a promuovere la democrazia all'interno delle realtà locali, nazionali e globali non si escludono a vicenda, ma sono inseparabili. Soltanto la vigilanza attiva dei cittadini può democratizzare i governi nazionali e le istituzioni globali. Le democrazie che tutelano la vita impongono ai governi di restituire quei diritti e quelle responsabilità che spettano alla cittadinanza, così come esigono che le istituzioni globali restituiscano ciò che appartiene alle realtà nazionali e locali. Ma un movimento democratico si consolida a livello nazionale e globale soltanto se è saldamente radicato nelle realtà locali.

Vi sono alcuni obiettivi essenziali per costituire una democrazia che difenda la vita.

Occorre rivedere il concetto di cittadinanza e rivendicare la restituzione delle risorse comuni alla comunità. Riconquistare i nostri beni comuni e i nostri diritti e doveri di cittadini significa poter esercitare un controllo sulla gestione statale delle risorse, dei poteri decisionali e delle politiche di sviluppo economico. Al tempo stesso, dovremo anche riprendere possesso di quelle risorse che sono state privatizzate dalle multinazionali attraverso gli accordi del Wto e i programmi di aggiustamento strutturale della Banca mondiale e del Fmi.

Ridefinire le competenze dei governi significa estendere la sovranità dei cittadini e garantire la difesa dei loro diritti, delle loro risorse e prospettive di vita, ponendo un freno al liberismo economico. Occorre inoltre individuare una sfera di competenza intergovernativa che controlli lo sfruttamento delle risorse ecologiche globali, come per esempio l'atmosfera. Se l'attuale modello di sviluppo dominante si fonda su governi centralizzati che usurpano i poteri delle comunità locali e dei cittadini, ridefinire le competenze dei governi significa restituire il patrimonio pubblico agli individui e alle comunità, e ricondurre alle istituzioni democratiche dei singoli paesi quei poteri decisionali che le multinazionali e le istituzioni globali si sono arrogate. Un potere centralizzato che impedisce ai contadini di conservare le sementi o impone le sue normative su problematiche sociali quali l'interruzione di gravidanza è un potere che usurpa i diritti e le libertà degli individui, delle famiglie e delle comunità. Il capitalismo globale ha smantellato i meccanismi di regolamentazione e controllo dell'economia da parte degli stati, mentre il fondamentalismo religioso esige che i governi condizionino in maniera sempre più invasiva le scelte di vita dei cittadini. Questi abusi e queste perversioni non sono compatibili con una vera democrazia.

I poteri delle istituzioni globali devono essere ridimensionati. La Banca mondiale, il Fmi e il Wto non esprimono la volontà del popolo e non lo rappresentano democraticamente. Le istituzioni globali sono sempre meno degli organi di difesa dei diritti dei cittadini del mondo, e sempre più uno strumento nelle mani dei paesi ricchi e dei giganti dell'economia mondiale. I poteri di cui si appropriano dovrebbero appartenere alle realtà locali e nazionali. Il Wto, per esempio, si arroga il diritto di controllare la biodiversità, che compete alle comunità locali e ai governi nazionali, e di conseguenza impone alle comunità una privatizzazione delle risorse – sementi e biodiversità – e dei saperi comuni. Il Wto impedisce anche ai governi nazionali di regolamentare i brevetti in funzione delle specificità del contesto socioeconomico. In realtà, una gestione efficace e competente della biodiversità non può che essere esercitata dalle comunità locali. Analogamente, le norme di regolamentazione dei brevetti non possono che competere ai governi nazionali perché essi sono soggetti al controllo dei cittadini, che possono così difendere il loro diritto di accesso alle sementi, al cibo e alle medicine. Ridefinire il ruolo, la funzione e il potere delle istituzioni globali significa anche ridimensionare i poteri delle multinazionali, perché il loro predominio si legittima proprio grazie alle decisioni antidemocratiche che vengono prese dalle istituzioni globali.

Poiché viviamo in un mondo di realtà interconnesse, i cambiamenti introdotti a livello locale comportano anche un impatto globale, mentre quelli introdotti a livello globale coinvolgono anche le economie, le culture e le democrazie locali. Una democrazia che tutela la vita deve saper correlare queste diverse realtà in un rapporto di sinergia creativa e coerente che promuova la pace, la giustizia e la sostenibilità. Tale sinergia può emergere soltanto da un'organizzazione autonoma e spontanea che tenga conto delle specifiche realtà, rimanendo libera da qualsiasi forma di controllo o di prevaricazione esterna.

Lo stato, le comunità e le grandi imprese

La globalizzazione ha deregolamentato i rapporti tra stato, comunità e grandi imprese. I suoi sostenitori affermano che in questo modo si limitano i problemi connessi alla centralizzazione, al controllo e alle lungaggini della burocrazia. La globalizzazione viene così apprezzata perché erode il potere dello stato.

La maggior parte delle ideologie che legittimano la globalizzazione valorizzano il nuovo tipo di rapporto che intercorre tra stati e grandi imprese, tra governi e forze di mercato. L'attuale capo del governo indiano e precedente ministro dell'Economia Manmohan Singh, che sostiene la politica della deregolamentazione, ha dichiarato che "il potere dovrebbe essere trasferito ai consigli d'amministrazione delle grandi imprese".[4] Tale passaggio di poteri dallo stato-nazione alle grandi imprese non comporta una maggiore partecipazione dei cittadini. Al contrario, anche solo per il fatto che le grandi imprese, specie le multinazionali, sono più potenti e meno affidabili dei governi, i cittadini si ritrovano a essere sempre più esclusi.

Negli ultimi anni il potere politico ed economico delle multinazionali è notevolmente aumentato. Esse controllano un terzo della ricchezza dell'intero pianeta. Il commercio tra imprese che appartengono allo stesso gruppo rappresenta una percentuale crescente e significativa del commercio mondiale.

Il capitalismo globale tende a ridurre il potere d'intervento governativo nel campo degli affari e della finanza e contemporaneamente a promuovere un maggiore controllo dei governi sulla vita dei cittadini. La privatizzazione delle risorse pubbliche da parte delle grandi imprese provoca necessariamente malcontento e tensioni. Talvolta, per sopravvivere bisogna per forza infrangere la legge. Sappiamo che in Bolivia, per esempio, il furto di risorse comuni connesso alla privatizzazione dell'acqua è considerato legale, mentre raccogliere l'acqua piovana è reato. In questa situazione, anche uno stato poco invasivo si trasforma in un meccanismo di controllo totalizzante, che impiega gran parte del patrimonio pubblico per sorvegliare ogni aspetto della vita dei cittadini.

La deregolamentazione dell'economia non conferisce al popolo maggiori poteri, non implica un trasferimento del potere verso il basso, nelle mani della comunità, ma si limita ad aumentare i vantaggi delle grandi imprese. Le realtà locali diventano sempre meno autonome, mentre le istituzioni governative che dovrebbero tutelare la salute e i diritti dei cittadini difendono la proprietà e i profitti delle grandi imprese. Lo stato tende ad anteporre gli interessi degli investitori stranieri ai diritti dei cittadini. La recente proposta di assumere degli esperti della sicurezza stranieri per addestrare la polizia indiana a proteggere "la vita e la proprietà degli investitori esteri"[5] è sintomatica di questa tendenza. Un altro esempio significativo è la decisione del governo indiano di alzare i livelli consentiti di glutammato di sodio, una sostanza che può causare patologie gravi quali l'asma, per favorire l'espansione di catene di fast food come Kfc. Gli interessi di Kentucky Fried Chicken contano più della salute delle persone.[6]

L'espansione della globalizzazione entra in conflitto con lo spazio democratico necessario per creare e mantenere quelle condizioni che tutelano il benessere dei cittadini. Si cerca spesso di confondere le acque parlando di una crescita della democrazia che deriva dalla libertà di scelta dei consumatori. Ma se la scelta viene limitata a un insieme di opzioni predefinite non si può parlare di una reale libertà. La democrazia asservita alle multinazionali ci chiede di rinunciare al diritto di determinare i contesti di vita e i valori che devono governare la nostra società. Quanto più vasta è la scelta di automobili e di cibo scadente che viene offerta al consumatore, tanto più angusto è lo spazio pubblico e democratico che rimane alla comunità per mantenere il controllo sulle risorse naturali locali.

Da una politica basata sull'esclusione a una politica dell'inclusione

Qual è la strada che può condurci verso un futuro di giustizia, democrazia e sostenibilità: affidare il controllo delle risorse naturali alle comunità o alle grandi imprese? Il problema principale che si pone oggi in India è quello del diritto alla sopravvivenza di una massa di poveri che si mantiene in vita grazie all'accesso comune a risorse naturali quali la terra, l'acqua e la biodiversità. Il controllo di ognuna di queste tre risorse è fonte di gravi conflitti tra le grandi imprese e le comunità.

I movimenti di protesta popolare chiedono che il potere non venga concentrato nelle istituzioni degli stati-nazione centralizzati, ma che sia distribuito e delegato a una molteplicità di istituzioni, soprattutto a livello di comunità locali. Al contrario, l'agenda delle multinazionali prevede un'ulteriore centralizzazione del controllo, dallo stato-nazione alle imprese e alle istituzioni globali come il Wto, la Banca mondiale e il Fmi.

Occorre ricondurre il concetto di democrazia al diritto di un popolo di determinare la propria esistenza quotidiana. Il concetto di nazione stesso deve essere rivisto in rapporto ai cittadini, e non allo stato centralizzato. In realtà, questa tendenza alla localizzazione già esiste, poiché si è sviluppata parallelamente alla globalizzazione. Se la globalizzazione implica un controllo centralizzato da parte delle grandi imprese, la localizzazione è l'alternativa proposta dalle comunità per la salvaguardia dell'ambiente, della sopravvivenza e della qualità della vita. In mancanza di una regolamentazione da parte dei governi nazionali, il popolo elabora il proprio progetto ecologista e democratico.

Una democrazia che tutela la vita si fonda sulle molteplici diversità delle culture e delle comunità, ma anche sulla nostra condizione comune di esseri umani che condividono il pianeta con altre forme di vita e altri esseri viventi. In questo senso, essa deve essere locale e globale al tempo stesso, deve trascendere le contrapposizioni esclusioniste ed evolversi attraverso una logica non dualistica e fondata sul principio di interconnessione. Le correlazioni creano lo spazio necessario per un'interazione e comprensione reciproca, che a sua volta genera il senso di responsabilità e concorre a sviluppare atteggiamenti di compassione e condivisione. Le correlazioni esistono perché apparteniamo a un'unica famiglia terrena, condividiamo la stessa biosfera e abitiamo lo stesso pianeta, la nostra grande casa.

L'identità di fondo che ci accomuna è un legame di parentela planetario complementare alle nostre identità locali, che sono invece radicate nella specificità dei luoghi in cui viviamo la nostra quotidianità.

Localizzazione non significa autarchia

La localizzazione non deve essere confusa con un atteggiamento autarchico o insulare. Si tratta piuttosto di sottoporre la logica della globalizzazione, in ogni sua istanza concreta d'investimento estero o su larga scala, a una verifica fondata su parametri di sostenibilità, giustizia e democrazia. Si tratta anche di ricondurre lo stato al suo ruolo di strumento di tutela degli interessi dei cittadini, e di restituire al popolo il potere e l'autorità che lo stato ha usurpato. Una democrazia in grado di difendere la vita è governata soprattutto dalla comunità. Il governo si occupa soltanto di quegli aspetti della vita sociale che non possono essere gestiti autonomamente. L'obiettivo più importante della nostra epoca è trasformare lo stato centralizzato, burocratico e autoritario in uno stato radicato nella comunità e subordinato alle sue esigenze. Lasciare che i meccanismi imprevedibili e incontrollati del mercato decidano in merito alla distribuzione di beni e servizi e all'impatto ambientale sarebbe un grave errore. Una regolamentazione del mercato da parte della società è possibile soltanto se la comunità gode di forti diritti e di politiche sociali – ben altra cosa, rispetto alla "libertà di scelta" del consumatore individuale. La contesa tra le grandi imprese che guidano la globalizzazione e i cittadini e le comunità locali, che rivendicano una localizzazione, trova il suo nodo centrale nella scelta di quale tipo di stato dovrà controllare il mercato, rendendosi al tempo stesso garante e promotore delle libertà dei singoli cittadini. La libertà dai bisogni primari – libertà dalla fame, dal non avere una casa, dal vedersi negare le risorse necessarie per la sopravvivenza – è quella fondamentale, senza la quale non possono esistere altre forme di libertà. L'obiettivo della democrazia nella nostra epoca deve essere quello di garantire a tutti tale libertà attraverso la realizzazione di nuove democrazie che tutelino la vita, che rafforzino la società civile e restituiscano al popolo i suoi poteri.

Il protezionismo popolare

I movimenti che rivendicano una localizzazione dell'economia hanno dato vita a una nuova forma di protezionismo popolare. Poiché il potere e l'autorità decisionale in merito a questioni di natura ecologica ed economica vengono trasferiti dallo stato centrale alle strutture locali dotate di autonomia amministrativa, i cittadini e le organizzazioni comunitarie possono deliberare sul ruolo e sulla funzione che lo stato dovrebbe assumere. Le comunità locali stanno cercando di trasformare le istituzioni della società – i tribunali, la polizia, i ministeri – che al momento proteggono le grandi imprese, a scapito degli interessi dei cittadini, dei piccoli produttori e dei piccoli commercianti.

Dal 1991, l'India subisce la pressione di una serie di interventi economici che privilegiano gli interessi e i diritti dei grandi investitori esteri. Tali intrusioni sono state imposte attraverso una raffica di accordi e di strategie aggressive quali la clausola Super 301 del Trade Act statunitense, gli interventi del Fmi e della Banca mondiale a favore della liberalizzazione dei mercati e il Gatt sancito dall'Uruguay Round. Ma in ogni settore, le multinazionali sono state costrette a riconoscere che una società democratica impone di ottenere anche l'approvazione dei cittadini, e non soltanto quella del governo.

Che si tratti della Coca-Cola in Kerala, di Suez a Delhi, di Monsanto, Cargill e W.R. Grace in Karnatka, di DuPont a Goa, o di Kfc a Delhi e Bangalore, l'intrusione delle multinazionali si scontra con la resistenza delle comunità locali e dei movimenti di base. In ogni situazione, le richieste sono le stesse: "Vogliamo poter decidere in merito alle forme d'investimento e sviluppo. Vogliamo mantenere la proprietà e l'accesso alle nostre risorse naturali". La protesta risuona di villaggio in villaggio, di regione in regione, come esempio concreto di una nuova filosofia dell'ambiente che si fonda sulla decentralizzazione democratica e sulla localizzazione economica e politica. E la pressione della gente costringe un governo succube degli interessi degli investitori esteri a riesumare il suo ruolo di protettore del bene pubblico e del patrimonio culturale e naturale del paese.

Un nuovo modello di gestione autonoma della realtà locale sta prendendo forma, in contrasto con lo stato centralizzato e con le istituzioni globali che appoggiano gli interessi delle grandi imprese. La localizzazione si pone come antidoto alla globalizzazione e all'avidità incontrollata del libero mercato.

La Rivoluzione verde costituisce un caso esemplare di deliberata distruzione delle diversità. Le nuove biotecnologie non hanno fatto altro che moltiplicare e peggiorare i danni. Insieme ai brevetti che monopolizzano i diritti sulla proprietà intellettuale introdotti dal Gatt (General Agreement on Trade and Tariffs), dalla convenzione sulla biodiversità e da altre piattaforme commerciali, esse minacciano anche di ridurre la diversità delle forme di vita al ruolo di materie prime per la produzione industriale e per la creazione di profitti. La libertà di riprodursi delle diverse specie viventi viene messa in pericolo, con gravi conseguenze anche per la libera e sostenibile economia dei piccoli agricoltori e produttori, che è fondata sulla biodiversità.

I semi, per esempio, si riproducono e si moltiplicano. I contadini li adoperano sia come granaglie, sia come sementi per il raccolto dell'anno successivo. I semi sono pertanto doppiamente liberi, liberi di riprodursi a livello biologico e liberi in quanto forma di sostentamento economico per il contadino.

Questa libera circolazione dei semi pone seri problemi alle multinazionali del settore. Per creare un mercato delle sementi occorre infatti che il seme venga trattato in modo tale da bloccare le sue capacità riproduttive. Anche la sua connotazione legale deve essere modificata, da patrimonio comune delle comunità agricole a proprietà privata delle multinazionali.

Il seme si pone dunque come strumento e simbolo di libertà in un'epoca di manipolazione e monopolio della vita. In se stesso è ben poca cosa, ma può trasformarsi in un formidabile richiamo alla resistenza e alla creatività che raggiunge i casolari più sperduti e le famiglie più povere. Il suo potere risiede proprio nella sua ordinarietà. Il seme incarna anche la diversità, la libertà di rimanere in vita. La libertà dei semi implica molto più dei diritti dei piccoli agricoltori rispetto alle grandi imprese. Rappresenta anche la libertà delle culture rispetto a forme di controllo centralizzate. Attraverso il simbolo del seme, le problematiche ecologiche si ricongiungono a quelle di natura sociale. Il seme potrebbe essere paragonato all'arcolaio di Gandhi – un simbolo di libertà ai tempi della lotta per l'indipendenza – in un'epoca che segna il ritorno del colonialismo attraverso il libero mercato.

Con l'aiuto dei movimenti con cui coopero da molti anni, e nonostante ostacoli e pressioni, ho lanciato un programma nazionale per la salvaguardia della diversità dei semi nelle coltivazioni agricole. Questo programma si chiama Navdanya, che letteralmente significa "nove semi", un bel nome per evocare la ricchezza delle diversità. Non si tratta della prima iniziativa di questo tipo: le risorse genetiche vengono conservate da sempre per la riproduzione. Negli anni settanta, i rischi connessi alla tendenza a uniformare le coltivazioni agricole convinsero il governo a costituire delle banche di raccolta del plasma genetico dei semi. Tuttavia, le banche del germoplasma prelevano la biodiversità dai campi dei contadini, ma non la preservano in funzione dei piccoli agricoltori. Al contrario, la biodiversità fluisce dalle coltivazioni dei contadini alle banche, per poi finire nelle mani delle multinazionali. I piccoli agricoltori devono così diventare acquirenti delle sementi prodotte dall'industria agrogenetica. Essi vengono deprivati del loro ruolo fondamentale di custodi della diversità genetica e di innovatori, per quanto riguarda l'utilizzazione e lo sviluppo dei semi. I loro diritti a un patrimonio biologico e intellettuale, che appartiene tradizionalmente ai contadini, vengono negati. Ne deriva una scissione tra produzione e conservazione, tra agricoltori e scienziati. Navdanya si propone invece di realizzare un coordinamento orizzontale, alla pari, tra piccoli agricoltori e scienziati, mantenendo anche un rapporto diretto tra la conservazione della biodiversità e la produzione alimentare. Il nostro obiettivo è potenziare, anziché impoverire, le conoscenze dei contadini.

I cambiamenti di fondo che ci prefiggiamo potranno realizzarsi soltanto nel lungo periodo. Tuttavia, Navdanya ha già riscosso un successo significativo nei villaggi in cui operiamo. Consapevoli del fatto che i nostri piccoli sforzi per conservare la diversità dei semi locali non possono bastare, ci siamo uniti al movimento degli agricoltori per mobilitare l'opinione pubblica di fronte al pericolo delle nuove biotecnologie e dei diritti sulla proprietà intellettuale, che consentono alle multinazionali di conquistare il monopolio delle forme di vita.

Nel 1991, cominciai a contattare le associazioni dei piccoli agricoltori per informarli dei nuovi pericoli e per aiutarli a difendere il loro diritto a conservare, utilizzare, scambiare e modificare liberamente i semi. L'anno successivo, a febbraio, organizzammo un convegno nazionale sul Gatt e sulle sue ripercussioni nel settore dell'agricoltura in collaborazione con la Karnatka Rajya Ryota Sangha (Krrs). Nell'ottobre del 1992, in occasione del grande raduno di contadini organizzato a Hospet dal Krrs, lanciammo il seme *satyagraha*, così chiamato in onore di

Gandhi e della sua pratica di resistenza basata sulla non cooperazione con i regimi ingiusti. Nel marzo del 1993, partecipammo a un raduno nazionale organizzato dall'unione delle associazioni dei contadini indiani, la Bharatiya Ksan Union, presso lo storico Red Fort di Dehli. Il 15 agosto 1993, gli agricoltori celebrarono la festa dell'indipendenza nazionale indiana rivendicando il loro *samuhik gyan sanad*, diritto collettivo sulla proprietà intellettuale. Il 2 ottobre 1993, cinquecentomila contadini festeggiarono a Bangalore il primo anniversario del seme *satyagraha*. Al raduno parteciparono anche dei piccoli agricoltori provenienti da altri paesi poveri e alcuni scienziati solidali con i diritti dei contadini che operavano per lo sviluppo di un'agricoltura sostenibile. Nel giro di un anno, l'internazionalizzazione del seme *satyagraha* aveva fatto emergere un nuovo aspetto della globalizzazione. Il termine non designava più soltanto i mercati globali, si sottraeva al gergo dei fautori del liberismo economico, e cominciava a definire anche l'universalità di un movimento popolare di resistenza al controllo centralizzato di ogni aspetto della vita umana. Nel 1994 lanciammo una campagna contro la licenza d'uso in esclusiva dell'albero del neem da parte di W.R. Grace. In quello stesso anno, ci mobilitammo anche per persuadere il governo a non sottoscrivere l'accordo Gatt di Marrakesh, e quando il Wto venne ugualmente costituito, continuammo a dar voce alla nostra opposizione. A livello internazionale, nel 1994 organizzammo l'International Forum on Globalization e dopo Seattle il network Our World is Not for Sale. In India, la People's Campaign Against the Wto vide la partecipazione di duecentocinquanta associazioni. La campagna era organizzata da S.P. Shukla – che essendo stato ambasciatore al Gatt e avendo preso parte ai negoziati dell'Uruguay Round conosceva bene i trucchi che erano stati escogitati per imporre quegli "accordi" antidemocratici –, da quattro precedenti capi di governo, dai sindacati del commercio e degli agricoltori, e da movimenti femministi ed ecologisti. Nel 2000, i movimenti che si battono per la difesa dei diritti naturali alle risorse del pianeta si sono riuniti nel luogo in cui, nel 1857, Mangal Pandey lanciò il primo movimento per l'indipendenza dell'India. Lì ci siamo assunti l'impegno di difendere e rivendicare le nostre libertà fondamentali in relazione alla terra, alle foreste, alla biodiversità, al cibo e all'acqua. È in questo modo che i movimenti per la *bija swaraj* (democrazia della biodiversità e dei semi), *anna swaraj* (democrazia del cibo) e *jal swaraj* (democrazia dell'acqua) si sono costituiti.[7]

La difesa dei semi autoctoni è diventata una strategia in grado di contrastare le monocolture e i diritti di monopolio. Essa indica un nuovo orientamento sostenibile che sostituisce l'uniformità con la diversità, nel rispetto dei diritti di tutte le specie. Proteggere i semi non significa conservare delle materie prime da sottoporre all'industria delle biotecnologie. I semi a rischio di estinzione sono anche portatori di un modo alternativo di concepire la natura e di soddisfare i nostri bisogni.

Conservare la diversità significa soprattutto impegnarsi a lasciare che le alternative si moltiplichino e si sviluppino, nella natura come nella società, nei sistemi economici e nell'ambito delle conoscenze umane. Nella nostra epoca questo non è un lusso, ma un imperativo per la sopravvivenza e un presupposto necessario per la libertà di tutti. In un sistema fondato sulla diversità, anche il più piccolo elemento trova il suo posto e la sua funzione. Consentire a tutti, anche ai più deboli, di sviluppare appieno le loro potenzialità è una condizione necessaria per poter davvero parlare di democrazia.

Conservare i semi è un diritto umano e un dovere morale

Il seme costituisce il primo anello della catena alimentare. In sanscrito *bija*, seme, significa "sorgente di vita". Conservare i semi è un nostro dovere, così come la nostra cultura ci insegna a condividerli.

Trasformando la conservazione e la condivisione dei semi in un crimine contro la proprietà intellettuale, i brevetti sulle sementi e sulle risorse genetiche ci derubano del nostro diritto alla nascita e delle nostre pratiche di sostentamento. Si tratta di un vero e proprio assalto alla nostra cultura, ai diritti umani e alla nostra stessa sopravvivenza.

I contadini poveri del Sud del mondo non possono sopravvivere al monopolio delle sementi. Il caso dell'agricoltore canadese Percy Schmeiser è in questo senso indicativo di una situazione che coinvolge milioni di persone. Il raccolto di Schmeiser è stato contaminato dalla canola resistente all'erbicida Round Up brevettato da Monsanto. Invece di rimborsarlo per il danno subito, Monsanto ha denunciato Schmeiser per "furto di proprietà intellettuale",[8] trascinandolo in una causa ingiusta e immorale che rappresenta un doppio crimine contro i contadini. Non basta infatti che questi brevetti illegittimi sulle sementi li deprivino del loro diritto/dovere di conservare i semi. Si ritiene anche di poter contaminare i loro raccolti e pretendere un pagamento, un profitto derivato dai diritti di proprietà. Il principio per cui "chi inquina paga" si trasforma in "chi inquina viene ricompensato".

Questa legislazione perversa deve cambiare, per il bene degli agricoltori e di tutte le specie. I diritti dei contadini non possono essere subordinati agli interessi dei giganti dell'agroindustria, perché la loro sopravvivenza conta molto di più della sete di profitto. Il futuro di Schmeiser e la libertà dei suoi semi sono anche il nostro futuro e la nostra libertà. I suoi diritti di agricoltore rappresentano i diritti umani di tutti i contadini.

Il pensiero di Gandhi, le sue concezioni creative di *swadeshi* (difesa delle comunità locali), *swaraj* (autogoverno democratico), *satyagraha* (resistenza attraverso la non cooperazione pacifica) e *sarvodaya* (inclusione), ci ispirano nella costruzione di nuove economie e democrazie che sostengono la vita. Il suo insegnamento ci aiuta a ritrovare la speranza, la libertà, la nostra stessa creatività. La filosofia di Gandhi insegna a scegliere determinate pratiche di vita, a privilegiare le azioni costruttive perché esse costituiscono anche la migliore forma di resistenza e opposizione. Quando i governi cominciano ad applicare le norme relative ai TRIPS – il governo indiano, per esempio, ha introdotto tre emendamenti alla legge sui brevetti e nuovi criteri di regolamentazione per la varietà delle piante – ci ricordiamo delle parole di Gandhi, "la schiavitù esisterà fino a quando la gente continuerà a pensare di dovere ubbidire anche a delle leggi ingiuste", e rinnoviamo il nostro impegno per la *bija satyagraha*. Il Mahatma condusse una *satyagraha* del sale per protestare contro le leggi coloniali dell'Impero britannico. Il movimento popolare che in India si batte per la conservazione dei semi si richiama a questa tradizione, rivendicando il diritto di resistere e di non cooperare con delle leggi ingiuste e immorali come quelle sulla proprietà intellettuale.

In un'epoca in cui la contaminazione genetica e la globalizzazione mettono a repentaglio le sorti dei contadini e della biodiversità, noi ci impegniamo a creare delle economie e delle democrazie di vita fondate sui principi di *swadeshi* e *swaraj*. L'insegnamento di Gandhi è come il seme: ha lo stesso potere di germogliare, evolvere e rinnovarsi perennemente in azioni e strategie libertarie appropriate al contesto e ai nostri tempi.

Dalla lotta per la conservazione dei semi, la nostra pratica *swadeshi* si è sviluppata fino a includere le *jaiv kheti* (coltivazioni organiche) e il commercio equo e solidale. La *swadeshi* della tutela della biodiversità si è evoluta organicamente trasformandosi nella *swaraj* della *jaiv panchayat* (democrazia in difesa della vita), sempre fondata sulla pratica *satyagraha* della resistenza e non cooperazione con le leggi ingiuste e immorali.

L'insegnamento di Gandhi è vivo e ci trasmette la forza di creare strumenti sempre nuovi per la tutela della libertà della vita e della sua diversità. Il suo pensiero è fonte di speranza per l'umanità intera, perché contiene i semi necessari per far germogliare la libertà degli uomini e di tutte le specie.

Il movimento democratico emergente

Il successo della protesta organizzata a Seattle e a Cancun e la straordinaria mobilitazione che accompagna i World Social Forum confermano la presenza di un movimento politico emergente che si fonda sul rispetto delle diversità e sul principio dell'autogoverno, in contrasto con la logica della manipolazione e delle monoculture. Tale movimento incarna un nuovo modello di aggregazione democratica spontanea e indipendente che riesce a incidere a livello locale e globale, rivelando l'importanza del principio di autogoverno per trasformare l'attività politica in ogni sua sfera.

La risposta alla violenza prodotta dal capitalismo globale e alle guerre fomentate dai fondamentalismi politici e religiosi deve essere al tempo stesso universale e locale. A livello locale, occorre ridurre la nostra impronta ecologica e sviluppare nuove opportunità di lavoro che migliorino le prospettive di vita delle comunità più povere. Anche le nostre identità specifiche, radicate nelle diversità biologiche e culturali, e il sentimento di appartenenza al luogo in cui viviamo devono contribuire a caratterizzare la nostra partecipazione. A livello universale, il nostro intervento si fonda sulla consapevolezza di condividere la vita con tutti gli esseri viventi e la nostra umanità con tutti gli altri popoli.

La globalizzazione economica persegue alcuni interessi molto specifici e limitati che poi impone come priorità universali. Tale imposizione avviene attraverso un uso metodico della violenza, che a sua volta innesca dei circoli viziosi di aggressività. Il terrorismo è una conseguenza della crisi che scaturisce dall'erosione delle identità culturali e dalla perdita della sicurezza economica. L'approccio universale non può essere ridotto a un interesse di parte che pretende di imporsi a livello globale. Gli unici valori universalmente validi sono quelli che derivano dal principio della non violenza – la non violenza di un modello di sviluppo ecologicamente sostenibile, che non danneggia le altre forme di vita, e la non violenza di una società improntata sulla giustizia economica e sociale, nel rispetto della vita umana. Il nostro approccio alla globalità deve scaturire dal contributo di una molteplicità di realtà locali differenziate e indipendenti, ma accomunate dall'adesione ai principi guida dell'amore e del rispetto per la vita. Come scrisse Tolstoj in punto di morte:

> Consapevolezza che il bene degli esseri umani si realizza soltanto nella loro unità, e che tale unità non può essere scalfita dalla violenza. L'unico modo per raggiungerla è che ognuno di noi, senza pensare alla complessità del tutto, si limiti a seguire le leggi della vita. Soltanto la legge suprema dell'amore, uguale per tutti gli esseri umani, può rendere unita l'umanità.[9]

Tra le conseguenze di una visione del mondo meccanicista e cartesiana c'è anche la tendenza a imporre il proprio punto di vista, sostenendo che questo atto di violenza viene compiuto per il bene degli altri. Così la guerra in Iraq diventa una guerra combattuta a favore degli iracheni. Contemporaneamente, tale visione induce la gente comune ad assumere un atteggiamento di accettazione passiva e rassegnata, perché in un mondo meccanicisticamente definito i piccoli interventi individuali sembrano privi di effetto. Invece, come ci insegna Gandhi:

> Credo sia necessario sottolineare che non si ha bisogno di aspettare nessun altro per adottare un retto comportamento. Gli uomini in generale esitano a intraprendere un'azione se pensano che l'obiettivo di tale azione non può essere pienamente raggiunto. Un simile atteggiamento in realtà è un freno per il progresso.[10]

Il nuovo movimento democratico si fonda sulla consapevolezza di poter cominciare dal punto in cui ci si trova, perché le nostre azioni quotidiane possono essere ricondotte ai valori più alti e a una visione universale. I principi costitutivi del progetto di democrazia della comunità terrena – l'appartenenza a un'unica famiglia universale, il riconoscimento dell'identità terrena come radice profonda della nostra identità individuale e la consapevolezza che il nostro dovere principale è quello di proteggere ogni forma di vita sul pianeta – si fondano sull'esperienza del movimento *jaiv panchayat*.

Il 9 agosto 1999, centinaia di comunità agricole organizzate come *jaiv panchayat* inviarono una comunicazione scritta a Mike Moore, direttore generale del Wto. La lettera, che faceva parte delle iniziative promosse per la campagna contro la biopirateria, conteneva le dichiarazioni seguenti:

> Desideriamo informarla che non vi autorizziamo a prendere decisioni in merito a questioni che competono esclusivamente alla giurisdizione del nostro sistema democratico decentralizzato. Richiamandoci agli inalienabili diritti riconosciuti dalla nostra Costituzione e dalla Cbd (Convenzione sulla diversità biologica – un accordo delle Nazioni unite sottoscritto al Vertice della Terra) non permetteremo al Wto di compromettere tali diritti per proteggere gli interessi di chi ci deruba delle nostre conoscenze e della nostra biodiversità.

In seguito a questa lettera Mike Moore decise di recarsi in India e il governo indiano dovette riconoscere l'effetto negativo della sua sottomissione al Wto, che comportava l'imposizione dei TRIPs alle comunità locali. In tempi più recenti, l'imposizione antidemocratica degli organismi geneticamente modificati da parte del Wto ha provocato nuove reazioni di protesta a livello di realtà locali. I movimenti locali e nazionali che sostengono la campagna contro gli Ogm costituiscono anche una risposta globale alle pressioni esercitate dagli Stati Uniti contro l'Europa all'interno del Wto.

Il movimento democratico emergente si fonda sulla sinergia di iniziative locali e globali, di micro e macro realtà. Senza i principi ispiratori sanciti dalla "Laws of Life Conference" del 1987, anche l'esperienza di Navdanya non avrebbe potuto avere luogo. Allo stesso modo, i movimenti che si oppongono ai TRIPs e agli Ogm a livello globale si sono sviluppati grazie alle nuove potenzialità e ai contributi apportati dalla sperimentazione locale di metodi di coltivazione organica alternativi all'industria delle biotecnologie, di alimenti geneticamente modificati come il riso golden e la patata arricchita di proteine. Le nostre iniziative in difesa della biodiversità e dei saperi comuni, come la rivendicazione di diritti comuni di proprietà intellettuale e di banche dei semi autogestite, hanno aperto nuovi sbocchi e alternative valide non soltanto a livello locale, ma per tutte le società. Non abbiamo permesso che anche le nostre ultime libertà venissero recintate. E la nostra resistenza costituisce un esempio perché altri possano intervenire, in diversi ambiti e in diversi luoghi.

Dalla biodiversità alle monocolture

Oltre a necessitare di un impiego intensivo di prodotti chimici e acqua, l'agricoltura industriale produce una tendenza alla monocoltura e all'uniformità che erode la biodiversità. Essa non tiene conto infatti delle specificità dei metodi di coltivazione che si sviluppano nelle diverse zone agroclimatiche, e che privilegiano le specie che meglio si adattano alle caratteristiche dell'ambiente. In questo modo, l'agricoltura industriale compromette l'ecosistema e la varietà delle colture, giungendo fino a provocare l'estinzione di alcune specie. Le monocolture di riso e di grano hanno sostituito la coltivazione mista o a rotazione di varie qualità di miglio, piante leguminose e semi oleosi. L'agricoltura industriale estingue dunque diverse varietà di raccolti per introdurre delle colture uniformi che si adattano alle esigenze dell'industria chimica, anziché alle caratteristiche del clima e dell'ecosistema.

Nel corso dei secoli, gli agricoltori indiani hanno selezionato migliaia di diverse qualità di riso derivandole da un'unica pianta selvatica originaria. Nessun altro tipo di coltivazione si è mai differenziato a tal punto. Ci sono varietà di riso per ognuna delle diverse nicchie ecologiche disseminate in tutto il paese, dal clima temperato degli alti colli dell'Himalaya a quello tropicale delle pianure, fino ai bacini profondi e agli acquitrini di acqua salata delle coste. Con circa duecentomila qualità diverse, la produzione di riso indiana può essere definita come la più ricca del mondo.

Le varietà di riso indiano si differenziano molto in termini di caratteristiche morfologiche e fisiologiche, per potersi adattare a condizioni ecologiche diverse. Il periodo di maturazione varia da sessanta a duecento giorni, la lunghezza del chicco da 3,5 a 14 millimetri e l'ampiezza da 1,9 a 3 millimetri. Anche il colore e la forma del chicco possono variare notevolmente: ci sono delle varietà di riso dai chicchi color porpora, altre con i chicchi rossi oppure bianchi e allungati, il riso con glutine, delle varietà aromatiche e non. Per comprendere la ricchezza di tale diversificazione basti pensare che soltanto nella zona di Jeypore, nell'Orissa, si coltivano più di millecinquecento varietà di riso morfologicamente distinte. Ogni varietà di riso indigeno locale si è adattata, nel corso del tempo, all'ecosistema di quella specifica regione, incluse le fluttuazioni ambientali e le irregolarità dei monsoni. In questo modo, un raccolto minimo è assicurato anche nelle annate particolarmente sfavorevoli. I contadini hanno inoltre provveduto a selezionare, nel corso di migliaia di anni, le qualità di riso migliori dal punto di vista del gusto, della cottura, dell'aroma o delle proprietà curative.

Il classico *Wheats of India*, scritto da Sir Albert Howard insieme alla moglie G.C.C. Howard e a Habibue Rehman Khan, individua migliaia di varietà di frumento riconducendole a dieci sottospecie. Oggi invece, nella maggior parte delle regioni, si coltivano soltanto quelle poche varietà che rispondono bene all'impiego di prodotti chimici.

L'agricoltura industriale non considera tale estinzione della diversità come un vero problema. L'uniformità genetica appare più vantaggiosa perché sembra assicurare un rendimento più elevato, e perché consente di concentrarsi sulle caratteristiche morfoagronomiche più richieste. Trovandosi a dover sviluppare o adattare una coltura in funzione delle pressioni e dei tempi imposti dal mercato, gli scienziati tendono a selezionare un gene principale e a renderlo resistente. I metodi di selezione tradizionali sono invece più complessi, possono implicare l'azione congiunta di più geni, e richiedono troppo tempo, troppe complicazioni e costi troppo alti, almeno secondo il punto di vista dell'agricoltura industriale.

D'altra parte, le varietà dotate di un solo gene resistente offrono un facile bersaglio ai parassiti e alle malattie delle piante, che si trovano a dover aggirare una sola linea di difesa. Questo pericolo connesso all'uniformità delle colture si è presentato più volte nella storia: si pensi alla carestia delle patate che colpì l'Irlanda negli anni quaranta del Diciannovesimo secolo, alla carestia che esplose in India nel 1971, quando il raccolto di miglio scuro fu danneggiato dal parassita della peronospora manshurica, e alla crisi provocata in tempi più recenti dal virus Rsv (Rice Stunt Virus) che devasta le risaie dell'Asia meridionale. Il vantaggio di conservare le varietà locali appare evidente se si considera il caso dello Zambia, dove la produzione di granoturco destinata al consumo domestico si basava per il 90 per cento sull'impiego di una varietà ibrida ad alto grado di uniformità. Nel 1974, un nuovo tipo di parassita infestò il raccolto distruggendo il 20 per cento delle coltivazioni ibride, mentre l'impatto sulle varietà tradizionali rimase del tutto trascurabile.[11] Ecco dunque una dimostrazione concreta della forza delle varietà naturali. Recenti studi condotti nel Bengala occidentale rivelano che con l'introduzione delle nuove varietà di riso ad alto rendimento si è verificato anche un aumento drammatico di nuovi parassiti e malattie.

Per le comunità agricole la diversità, sia essa genetica, sociale o culturale, apporta dunque una maggiore forma di protezione e sicurezza. La diversità genetica protegge dai parassiti, dalle malattie delle piante e dagli imprevisti del clima. Essa consente anche ai piccoli agricoltori di incrementare al massimo la produzione in condizioni ambientali tradizionalmente instabili. I raccolti misti e la coltivazione di diverse varietà naturali, selezionate in funzione delle caratteristiche specifiche del microambiente, si rivelano più produttivi dell'uso di una o più varietà "moderne". Le colture uniformi necessitano infatti di un ambiente altrettanto uniforme – di un terreno di buona qualità, il cui rendimento deve essere uniformato attraverso l'impiego intensivo di sistemi di irrigazione e di fertilizzanti chimici, investimenti e condizioni spesso inaccessibili ai piccoli coltivatori. E anche quando si decide di sostenerne la spesa, l'impiego di fertilizzanti chimici impoverisce o addirittura rende sterile il terreno, mentre l'irrigazione costante tende a prosciugare le riserve d'acqua. I grandi progetti di irrigazione realizzati mediante la costruzione delle dighe sui fiumi hanno provocato più danni ecologici e sociali che benefici.

La diversità genetica fornisce inoltre alle comunità agricole un insieme di prodotti adattabili a molteplici usi. Alcune varietà di un dato tipo di raccolto si prestano meglio al consumo immediato, altre invece si possono conservare per lungo tempo, altre ancora resistono ai parassiti e così via. Il patrimonio genetico costituisce una riserva di diversità significativa anche a livello globale, perché offre informazioni sulle qualità nutrizionali delle varietà delle specie e sulla loro capacità di resistenza ai parassiti e alle malattie che sono d'importanza cruciale per l'agricoltura di tutto il mondo.

Grazie a una tradizione millenaria e a una conoscenza profonda dei loro bisogni e dei loro sistemi di produzione agricola, le comunità hanno saputo sviluppare e integrare diverse strategie, quali per esempio la coltivazione intercalare e quella agroforestale. I sistemi di coltivazione tradizionale prevedono sempre l'impiego di più di una varietà di colture, ma nel caso dei cereali soggetti ad autoimpollinazione, come il sorgo, il riso, il frumento e la segale, o nel caso di colture che si propagano vegetativamente, come la patata e la banana, il numero di varietà introdotte può essere particolarmente elevato.

A livello globale assistiamo alla crescita di una nuova consapevolezza ecologica da parte dei consumatori, e a un aumento della richiesta di prodotti alimentari non trattati chimicamente. Le varietà coltivate dalle piccole realtà locali, che si sono evolute senza l'ausilio di sostanze chimiche, costituiscono dunque la scelta migliore per l'agricoltura organica o per altre pratiche di coltivazione alternativa.

L'inquinamento chimico

L'agricoltura industriale ricorre all'impiego di pesticidi e diserbanti che contengono sostanze chimiche tossiche. Queste sostanze, come per esempio "agente arancio", sono state originariamente concepite come armi di distruzione di massa. La tragedia di Bhopal dovrebbe costituire un monito riguardo ai pericoli dei veleni agrochimici. Ma tali veleni continuano a essere prodotti perché le nuove varietà di colture sono soggette a parassiti e malattie.

Tutte le nuove varietà di riso che l'International Rice Research Institute, la Banca mondiale di raccolta del plasma genetico del riso, ha introdotto in Asia si sono rivelate facilmente attaccabili da parassiti e malattie. Nel 1968 e nel 1969, l'IR-8 coltivato in Asia sudorientale venne infestato dalla ruggine batterica,[12] mentre nelle due annate successive il raccolto fu contaminato dal virus Tungro. Nel 1975, mezzo milione di acri di risaie indonesiane adibito alla coltivazione di nuove varietà di riso fu devastato dai parassiti. Nel 1977 si passò allora all'IR-36, che era stato progettato per resistere agli otto tipi di malattie e parassiti più diffusi, tra cui la ruggine batterica e il virus Tungro. Ma questa varietà venne attaccata da due nuovi virus, l'Oryzavirus (Ragged Stunt Virus) e il Tenuivirus (Wilted Stunt Virus).

L'impiego di nuove varietà di riso non ha prodotto esiti migliori nemmeno in Punjab. Anche in questa parte dell'India sono comparsi nuovi tipi di parassiti e malattie. La prima varietà di riso nano, la *taichung native I*, introdotta nel 1966, venne infestata dalla ruggine batterica e dalla cavalletta bianca delle piante. Nel 1968 si decise dunque di sostituirla con l'IR-8, che in teoria doveva resistere ai parassiti infestanti Sclerotia e Septoria glycines, e che invece si rivelò suscettibile a entrambi. Le varietà che comparvero negli anni successivi, come l'IR-103, l'IR-106, l'IR-108 e l'IR-109, furono progettate in seguito al fallimento dei primi tipi di riso nano come varietà particolarmente resistenti alle malattie e ai parassiti. L'IR-106, che ancora oggi viene coltivato nell'80 per cento delle risaie del Punjab, venne introdotto nel 1976 per la sua capacità di resistere alla cavalletta bianca e alla sclerotica, ma anche questa varietà di riso si è rivelata suscettibile a entrambi, nonché al cnaphlocrosis medinalis, alla chrysomelidae hispinae, alla busseola fusca e a molti altri insetti infestanti. Oltre a compromettere la diversità delle colture tradizionali, queste miracolose varietà moderne sembrano funzionare soprattutto per la coltura dei parassiti.

Secondo l'Indian Council for Agricultural Research, soltanto l'1 per cento delle sostanze pesticide colpisce i parassiti, mentre il rimanente si diffonde in altre zone e produce effetti non programmati. Si è inoltre rilevato che, nonostante il massiccio impiego di pesticidi, la percentuale di raccolto danneggiata dai parassiti si aggira oggi intorno al 35 per cento, mentre negli anni precedenti all'entrata in scena dei pesticidi tale percentuale oscillava tra il 5 e il 10 per cento. Anche le varietà di insetti nocivi si sono moltiplicate. Si stima, per esempio, che dal 1920 al 1992 le varietà di insetti che infestano il riso siano aumentate da quaranta a 299. Analogamente, le varietà nocive per le piante leguminose sono cresciute da dieci a duecentoquaranta, mentre quelle che distruggono il grano sono passate da dieci a centoventi.[13] Eppure, la produzione e l'impiego di pesticidi continuano ad aumentare.

I risultati di una recente indagine condotta dalla commissione parlamentare che indaga sulla presenza di pesticidi nelle bevande rivelano il grado di diffusione di questi veleni. Si è scoperto infatti che tutte le bevande dei marchi Coca-Cola e Pepsi presenti sul mercato indiano contengono alte percentuali di pesticidi. L'emergenza ambientale si trasforma così in un grave pericolo per la salute pubblica.

L'inquinamento e l'esaurimento delle risorse idriche

L'agricoltura industriale comporta uno spreco, un esaurimento e un inquinamento delle risorse idriche. Le colture soggette a trattamenti chimici richiedono una quantità d'acqua fra le cinque e le dieci volte superiore rispetto a quella delle coltivazioni organiche. La scelta di privilegiare le colture che richiedono più acqua, come il riso a irrigazione intensiva, il grano e la canna da zucchero, determina anche il declino di raccolti che non solo consentono di risparmiare acqua, ma sono anche di alta qualità e di alto potere nutritivo, come il miglio o come le varietà di frumento (kathia, mandua) che si avvalgono dell'acqua piovana. L'impiego di fertilizzanti chimici non richiede soltanto una maggiore irrigazione, ma comporta anche un minore apporto di composti organici che riduce la capacità di trattenere acqua del suolo. L'irrigazione intensiva provoca anche dei gravi problemi quali la formazione di acquitrini (terreni sterili impregnati d'acqua) e la salinizzazione (quando i sali del terreno emergono e si depositano in superficie).

L'erosione e la perdita di fertilità del suolo

L'agricoltura industriale sta provocando un grave processo di erosione e perdita di fertilità del suolo. In passato, le pratiche tradizionali hanno saputo preservare la fertilità del suolo indiano. Nell'India settentrionale, le ricche terre alluvionali delle pianure del Gange sono state coltivate per secoli senza comprometterne le risorse. L'eminente agronomo Howard le descriveva in questo modo:

> I dati di cui siamo in possesso dimostrano che da almeno dieci secoli queste terre producono dei buoni raccolti senza mai inaridirsi. Si è riusciti a raggiungere un equilibrio perfetto tra gli interventi necessari per la coltivazione dei campi e i processi naturali volti a recuperare la fertilità.[14]

Analogamente G. Clarke, nel suo discorso presidenziale alla sessione dell'Indian Science Congress dedicata all'agricoltura:

> Se esaminiamo i nostri dati, dobbiamo riconoscere ai contadini dell'India settentrionale il merito di essere i migliori coltivatori del mondo, almeno per quanto concerne l'uso di quello straordinario fattore di fertilità che è l'azoto. Questi contadini riescono a far fruttare una piccola quantità di azoto più di chiunque altro io conosca. Non c'è dunque ragione di temere un deterioramento del suolo in quella zona. L'attuale livello di fertilità potrà essere mantenuto indefinitamente.[15]

Cinquant'anni di coltivazioni insensate sono invece bastate per compromettere secoli di lavoro. Le monocolture hanno esposto maggiormente il suolo al vento e alla pioggia, aggravandone l'erosione, e i fertilizzanti chimici hanno completato il danno, distruggendo la flora e la fauna che determinano e preservano la fertilità del suolo.

Effetto serra e cambiamenti climatici

Per il massiccio impiego di sostanze chimiche e combustibili fossili, l'agricoltura industriale produce anche ingenti quantità di gas inquinanti. Sappiamo infatti che essa è responsabile di un quarto dell'emissione mondiale di Co2, del 60 per cento dell'emissione di metano e dell'80 per cento di quella di protossido d'azoto, tutte sostanze altamente nocive per l'atmosfera.

Gli effetti inquinanti del protossido d'azoto, un gas che si produce con l'impiego di fertilizzanti a base di azoto, sono duecento volte superiori a quelli dell'anidride carbonica. L'agricoltura industriale adopera settanta milioni di tonnellate di fertilizzanti a base di azoto all'anno, con conseguente emissione di ventidue milioni di tonnellate di protossido d'azoto.

In Inghilterra e in Germania, le emissioni di carbonio dei combustibili fossili impiegati per l'agricoltura ammontano rispettivamente a 0,046 e 0,053 tonnellate per ettaro di terreno, una quantità che è di sette volte superiore a quella delle zone in cui l'agricoltura non è ancora industrializzata. Ciò significa che un'ulteriore diffusione dell'agricoltura industriale comporterà un aumento dell'emissione mondiale di carbonio.[16]

L'inquinamento atmosferico provocato dai gas genera siccità e inondazioni, un'instabilità del clima che costituisce un grave pericolo per l'agricoltura e per la sicurezza delle risorse alimentari. Un cambiamento di tendenza che privilegi l'agricoltura ecologica e le coltivazioni organiche diventa allora imperativo per ragioni ecologiche, economiche e di sopravvivenza umana.

L'agricoltura biologica: un imperativo ecologico ed economico

L'agricoltura industriale continua a essere difesa e sovvenzionata nonostante i gravi danni che provoca all'ambiente. I suoi sostenitori giustificano questi costi ecologici come conseguenze inevitabili dell'aumento della produttività. Tuttavia, il bilancio dell'agricoltura industriale è negativo, perché la produzione necessita di più risorse di quante non riesca a produrne. Di solito, la produttività si calcola considerando il risparmio di manodopera che deriva dall'impiego delle tecnologie e dei prodotti chimici. In questo caso però, le risorse che scarseggiano sono l'acqua e la terra, non la forza lavoro. Se invece di considerare soltanto i costi della manodopera si includono anche l'impiego di energia, risorse naturali e altri fattori esterni, la produttività dell'agricoltura industriale risulta meno elevata di quella delle sue alternative ecologiche. Negli ultimi cinquant'anni, il passaggio da metodi di coltivazione in grado di rinnovare e riutilizzare autonomamente le risorse a un'agricoltura che necessita di un apporto elevato di risorse esterne ha fatto calare di sessantasei volte la produttività.[17] A questo punto, occorre elaborare una strategia ecologica di transizione che permetta di produrre più cibo utilizzando meno risorse.

Tale analisi della produttività si basa sui risultati di uno studio che ha messo a confronto i metodi tradizionali di coltivazione multipla e le monocolture industriali. Un sistema basato sulla coltivazione multipla riesce a produrre cento unità di risorse alimentari adoperando soltanto cinque unità di risorse necessarie per la produzione, mentre un sistema industriale necessita di almeno trecento unità di risorse per poter raggiungere lo stesso risultato. Ne deriva uno spreco di 295 unità di risorse, che avrebbero potuto produrre 5900 unità di cibo. Davvero un bel modo di diffondere la fame, anziché di combatterla.

I sostenitori dell'agricoltura e dell'allevamento industriale affermano anche che questo è l'unico approccio in grado di mantenere alta la produttività per far fronte al fabbisogno connesso alla crescita della popolazione. Ma ancora una volta si dimentica che il parametro rilevante dovrebbe essere quello relativo alla produttività dell'impiego di risorse naturali, e non della forza lavoro, perché il fattore che può porre un limite alla produzione alimentare è l'esaurimento delle risorse naturali, non della manodopera. Ciò di cui abbiamo davvero bisogno è un impiego più efficiente delle risorse, in modo tale che quelle stesse risorse possano nutrire più persone. Una strategia che ha fatto calare di sessantasei volte la produttività delle risorse non è la più indicata, se vogliamo continuare a nutrire il mondo con le nostre riserve limitate di territorio, acqua e biodiversità.

La produttività dell'agricoltura industriale è sopravvalutata, non soltanto perché non si tiene conto dello spreco di energia e risorse naturali, ma anche perché si trascurano le sue ripercussioni negative.

L'agricoltura ecologica si basa sulla coltivazione mista e a rotazione, e prevede il ricorso a raccolti diversificati.

I sistemi agricoli tradizionali hanno sviluppato queste policolture perché il loro rendimento risulta più elevato, a parità d'impiego di terreno e risorse, rispetto a quello delle monocolture. Per esempio, un ettaro di terreno adibito alla coltivazione mista di sorgo e piselli produce un raccolto analogo a quello di 0,94 ettari di terreno coltivato a sorgo più 0,68 ettari di terreno coltivato a piselli. In termini di rapporto di equivalenza tra terreni, la produttività di un ettaro di policolture equivale dunque a quella di 1,62 ettari di monocolture.

Le piccole aziende agricole che si avvalgono della biodiversità riescono ad aumentare la produzione e i profitti degli agricoltori. Nel Bengala occidentale, i terreni adibiti alla coltivazione di cinquantacinque raccolti misti hanno reso 227.312 rupie per acro; la produttività di quelli adibiti a quattordici raccolti misti è stata di 94.596 rupie per acro; le monocolture invece hanno reso soltanto 32.098 rupie per acro.

Ciò dimostra la falsità del mito delle monocolture e dei metodi industriali, che sarebbero necessari per produrre una maggiore quantità di cibo, e smentisce chi ritiene di poter risolvere il problema della fame nel mondo sacrificando la biodiversità. Al contrario, la diversificazione delle colture aumenta notevolmente la produttività e i profitti delle aziende agricole.[18]

Dalla crisi della democrazia al suo rafforzamento

Le strategie economiche e politiche che diffondono la povertà si avvalgono di quelle culture e identità negative che contribuiscono a creare. La cultura di un popolo prende forma dal suo rapporto con la terra, e il processo di differenziazione delle culture è connesso all'evolversi della diversità biologica. Un'identità culturale positiva si fonda sulla presenza di un ruolo sicuro nell'ecosistema e nell'economia. I sovvertimenti che generano insicurezza e paura compromettono questo equilibrio e producono delle identità negative, delle culture di morte quali il terrorismo, l'estremismo e la xenofobia. L'umanità si abbandona allora a un comportamento inumano, a un circolo vizioso di violenza e aggressività politica, economica e culturale.

La nostra sopravvivenza ci impone di fermare questo andamento autodistruttivo e di sostituirlo con forme di comportamento virtuoso e non violento. Dobbiamo sostituire un'economia che semina morte e devastazione con un modello di sviluppo che sostenga le nostre vite e ogni forma di vita presente sul pianeta. Dobbiamo ripudiare una politica fondata sull'autoritarismo e sulla corruzione e promuovere delle democrazie che tutelino la vita, che difendano i diritti e accolgano il contributo attivo di tutti gli esseri viventi. Dobbiamo infine contrastare quelle culture di morte che conducono alla distruzione reciproca e diffondere delle culture di vita, fondate sull'attenzione, sulla compassione e sul mantenimento.

L'approccio democratico alla realtà globale che ho definito "democrazia della Terra" favorisce lo sviluppo di nuove strategie politiche, economiche e culturali che sostengono la vita.

Al contrario, la globalizzazione neoliberista mette in pericolo la nostra stessa sopravvivenza, perché deruba milioni di individui del loro diritto alla vita e produce un'instabilità politica che fomenta lo sviluppo di identità negative. Occorre difendere il diritto della specie umana a sopravvivere in pace gli uni con gli altri e con l'intera famiglia terrena. La globalizzazione non crea soltanto dei mercati globali, bensì una follia globale che deve essere fermata. Occorre fare leva sulla nostra volontà collettiva e su un coraggioso attivismo per affrontare non soltanto i sintomi dell'insicurezza sociale, ma anche i fattori complessi da cui trae origine.

Dobbiamo innanzitutto smentire chi vuole farci credere che la globalizzazione sia un dato di fatto inevitabile e naturale. In realtà, si tratta di un progetto politico che deve essere contrastato politicamente. La nostra risposta politica deve ricollocare gli esseri umani, nel rispetto di ogni diversità, al centro dei modelli di sviluppo economico. Non possiamo accettare che i diritti umani siano annientati dall'onnipotenza delle multinazionali. Dobbiamo smetterla di pensare che gli interessi delle grandi imprese, dei mercati e del capitale contino più della nostra stessa vita.

La nostra difesa dei diritti umani dovrà ampliarsi fino a includere tutti gli esseri umani e ogni forma di vita. Troppo spesso i movimenti libertari si sono dimostrati esclusivisti e parziali, operando in difesa di una sola etnia o classe sociale e facendo ricorso alla violenza. Hanno escluso le altre specie, le altre culture, e non hanno fatto tesoro della capacità delle donne di ottenere dei cambiamenti attraverso la pratica quotidiana. Oggi abbiamo l'opportunità di difendere la nostra libertà attraverso un approccio inclusivo e non violento, che valorizzi la diversità e la solidarietà con le altre specie. Questa libertà raggiunta nel rispetto della diversità costituisce la vera alternativa al capitalismo globale.

La globalizzazione ha spinto la democrazia rappresentativa sull'orlo di un baratro. Le pressioni esercitate dalle grandi imprese sui governi eletti allontanano le istituzioni politiche dalla volontà e dagli interessi degli elettori. I governi si trovano così a promuovere il liberismo globale in contrasto con l'opposizione del popolo, e in casi estremi ricorrono alla forza dell'esercito, alla xenofobia o al fondamentalismo religioso per reprimere il dissenso. L'obiettivo democratico di un governo eletto per promuovere la giustizia economica, la pace e l'armonia sociale diventa irrealizzabile. Se il divario che separa i politici dagli elettori è ormai ovvio, è altrettanto evidente che il nuovo movimento democratico deve la sua riuscita al coinvolgimento diretto della gente comune, e non al predominio di pochi dirigenti.

Progettare una democrazia di vita significa costruire delle alternative per il futuro e riappropriarsi di un potere politico che ci appartiene.

3.

Culture che valorizzano la vita

La nostra epoca è pervasa da molteplici forme di violenza di natura economica, militare e culturale. La violenza della cultura dominante genera nuova violenza, per la reazione aggressiva dei popoli invasi e delle culture soggiogate. Un sistema economico non sostenibile e fondato sui principi del libero commercio, dell'avidità e dell'imperialismo continua a innescare dei circoli viziosi di violenza che sembrano destinati a non avere fine.

Alcuni anni fa, nel corso di un dibattito pubblico su "Violenza e globalizzazione" che si tenne a Udipi, nell'India del Sud, Samdhong Rinpoche, primo ministro del governo tibetano in esilio, commentò l'espressione "cultura della violenza" affermando che la violenza non è in grado di produrre cultura. In sanscrito la parola cultura, *sanskriti*, designa quelle pratiche che tengono unite una società o una comunità. Poiché la pratica della violenza non integra, ma al contrario disintegra e sconvolge una società, essa non può essere considerata come una forma di cultura. Il sanscrito e l'hindi designano i processi distruttivi con un'altra parola, *vkriti*, "ciò che disintegra e vìola". L'espressione "cultura della violenza" ricorre invece nella lingua e nella cultura inglese. Negli anni della dominazione britannica, si chiese a Gandhi di esprimere la sua opinione in merito alla "civiltà occidentale". Gandhi rispose che "poteva essere una buona idea". L'Occidente imperialista non può definirsi civile, perché i popoli civili non distruggono le altre civiltà e le altre culture. Comportarsi in maniera civile significa vivere e lasciar vivere, a livello individuale come sul piano collettivo.

L'imperialismo si giustifica da sempre con la pretesa di civilizzare le altre culture, quando in realtà le distrugge e depriva gli individui della loro identità individuale, della loro diversità e umanità. Una cultura che valorizza la vita si fonda invece sul rispetto delle diversità culturali e della nostra comune e universale appartenenza al genere umano. Le culture di morte adottano un approccio universale di tipo imperialista, che si traduce nell'imposizione violenta delle priorità culturali di una potenza imperiale. L'ordine universale della globalizzazione e dell'imperialismo non si costituisce su un sentimento di responsabilità universale, di compassione e solidarietà, bensì sul principio di conquista e colonizzazione delle risorse e su una concezione imperialista della storia, del passato così come del futuro.

I falsi universalismi producono guerre e aggressività, mentre una concezione universale veritiera fa leva sulla nostra comune umanità, sulla nostra unicità e correlazione con gli altri esseri viventi, per generare i presupposti necessari alla cooperazione e alla convivenza pacifica. La visione distorta dell'imperialismo, del capitalismo globale, delle crociate e delle jihad considera i concetti di autonomia e diversità come problemi o patologie da eliminare. Una visione universale di pace li celebra invece come espressioni di libertà.

Secondo l'ideologia imperialista, la colonizzazione delle culture non occidentali cancella le tradizioni autoctone sostituendole con la cultura del colonizzatore. I popoli invasi dovrebbero anche provare riconoscenza per tale "liberazione". L'ideologia imperialista della "missione dell'uomo bianco" ritorna oggi nei proclami di chi si dice "portatore di democrazia" e in una guerra denominata "Operation Iraqi Freedom".

Gli imperialisti si rifiutano di ammettere che il mancato rispetto dell'autonomia, dell'autorganizzazione, del potere decisionale e dell'integrità degli altri genera nuove forme di violenza.

La globalizzazione economica ha innescato una guerra contro i contadini, le donne, le altre specie e le altre culture. Il suo obiettivo è imporre una monocultura globale – una monocultura del cibo, monopolizzata da McDonald's, Monsanto e Coca-Cola, e una monocultura dell'abbigliamento, dei media e dei trasporti. Con tutto questo la diversità non scompare, diventa anzi dominante. Vi sono tuttavia due tipi diversi di movimenti che oggi si ergono in difesa della diversità culturale.

Il primo è un movimento estremista ed esclusivista che predica la "talibanizzazione" della cultura, una reazione militarista e patriarcale che si limita a riprodurre l'atteggiamento aggressivo dei colonizzatori. Il fondamentalismo islamico si oppone all'imperialismo occidentale, ma al tempo stesso scatena nuove guerre culturali contro le donne, le minoranze e altri gruppi dissidenti. La violenza sulle donne e la distruzione delle statue dei Bamiyan Buddha perpetrate dal regime dei talebani in Afghanistan sono esempi di come questo conservatorismo culturale si traduca in una vera e propria negazione della cultura. Ma anche la retorica nazionalista e l'oltranzismo che hanno caratterizzato la campagna elettorale del 2004 negli Stati Uniti sono sintomi rivelatori di un'identità esclusivista che si costruisce negando il pluralismo e la diversità. Tali atteggiamenti aggressivi sono all'origine delle guerre ideologiche, delle crociate e delle jihad dei nostri tempi.

Il secondo orientamento è quello dei movimenti per la pace, la giustizia e la sostenibilità, che difendono la diversità culturale attraverso un atteggiamento solidale e compassionevole e ripudiano qualsiasi forma di conquista e dominio. Le loro identità positive e diversificate costituiscono dei modelli alternativi rispetto al modo imperialistico e patriarcale di porsi in relazione con l'altro. Sua santità il Dalai Lama chiarisce bene l'importanza della compassione e del rispetto dei diritti umani di ogni popolo e di ogni cultura come presupposti di fondo per la vita pubblica e le relazioni internazionali:

> Mi pare evidente che un'adesione sincera e convinta alle proprie responsabilità si raggiunge soltanto se viene coltivato il sentimento della compassione. L'empatia che spontaneamente ci avvicina agli altri è l'unica ragione che può indurci a operare per il loro interesse.
> L'ordinamento democratico è il sistema più affine all'essenza della natura umana. Chi ne fruisce deve pertanto continuare a battersi perché tutti ne possano godere... Dobbiamo rispettare il diritto di tutti i popoli e di tutte le nazioni di conservare le loro caratteristiche e i loro valori distintivi.[1]

Questa filosofia che coniuga il rispetto della diversità con un sentimento di responsabilità universale costituisce il presupposto su cui coltivare delle culture di vita in un'epoca pervasa da culture di morte.

Come sconfiggere le culture di morte

La nostra specie sta distruggendo perfino le risorse necessarie alla sua sopravvivenza e alla vita. Ogni tentativo di apportare maggiore sicurezza alle nostre esistenze sembra produrre soltanto nuove incertezze. Come membri della comunità terrena, cerchiamo un modo alternativo di concepire la nostra sicurezza che garantisca anche la sopravvivenza di tutte le specie e il rispetto delle diverse culture. Ma come trasformare questa tendenza all'autodistruzione in un atteggiamento di rispetto per la vita? Dalle rovine di una cultura di distruzione e morte, può forse nascere una cultura che sostenga e valorizzi la vita?

Se il mondo reale viene occultato dalle costruzioni astratte delle potenze che dominano la nostra società, diventa facile manipolare anche gli uomini e la natura per scopi di appropriazione e profitto. Gli interessi degli individui e dei popoli scompaiono per lasciar posto a quelli delle grandi imprese. Analogamente, l'apporto concreto delle economie umane e naturali viene sostituito dai movimenti astratti di capitale. Si privilegiano i profitti artificiali, a scapito di tutto ciò che è concreto, vitale e veritiero.

Il predominio e la reificazione dell'astratto si impongono di pari passo con una monocultura della mente che procede attraverso dicotomie esclusive e compromette la diversità, l'autonomia organizzativa e la capacità di rinnovamento dei processi vitali.

Tale monocultura della mente consiste in un approccio riduzionista che concepisce e rappresenta il mondo in termini di monoculture contrapposte. Si tratta di un atteggiamento incapace di apprezzare l'importanza e la ricchezza della diversità, di un tentativo di condurre all'estinzione quelle diversità biologiche e culturali che costituiscono le fondamenta stesse della nostra sicurezza ecologica e sociale.

La tendenza a procedere per contrapposizioni, escludendo a priori le soluzioni composite, legittima delle esclusioni che si traducono in una catena di genocidi ed ecocidi. Il mondo sembra fondarsi su dicotomie esclusive che non lasciano spazio alla molteplicità, al pluralismo e ad altre forme di correlazioni più complesse. Anche l'interazione tra natura e cultura viene occultata, confutando per esempio l'efficacia dell'agricoltura biologica o la produttività della foresta in termini di risorse alimentari. Analogamente, si cerca di livellare perfino la diversità culturale che si esprime attraverso i modi di vestire, le abitudini alimentari, i saperi e le conoscenze tradizionali dei popoli.

Benché sovverta l'economia della natura e produca nuove forme di deprivazione sociale, il mercato continua a essere propagandato come l'unica soluzione per contrastare il problema della povertà connessa alla crisi ecologica. La sua espansione viene automaticamente associata a un aumento dello sviluppo e del benessere. Secondo l'ottica dell'economia di mercato, la categoria dei poveri include chiunque non si dedichi prevalentemente al commercio e non consumi i beni distribuiti dal mercato. Le comunità che si autosostengono vengono così considerate povere e arretrate.

L'ideologia che sostiene l'economia di mercato fomenta anche dei pregiudizi culturali. Come rileva Rudolf Bahro, ogni stile di vita che non rispecchia le inclinazioni del consumismo occidentale tende a essere associato a una situazione di degrado.[2] Se un popolo si nutre principalmente di miglio o granoturco, alimenti che hanno una capacità nutrizionale di gran lunga superiore a quella dei cibi industriali (tanto che l'Occidente li ha rivalutati come cibi sani) e che costituiscono la base dell'alimentazione dei paesi non industrializzati, questa scelta viene attribuita alla povertà. In molti casi, anche le capanne costruite con materiali locali non sono indicatori di un disagio sociale, ma di un modo di provvedere a un riparo ecologicamente più progredito delle case di cemento. Analogamente, le fibre naturali e l'abbigliamento artigianale si confanno alle caratteristiche di determinati climi, specie quelli tropicali, molto più delle fibre sintetiche lavorate a macchina. L'Occidente fa leva su una concezione distorta dell'arretratezza e della povertà per legittimare i suoi modelli di sviluppo non sostenibili, quegli stessi modelli che hanno incrementato la povertà reale sottraendo risorse essenziali per soddisfare le esorbitanti richieste dei nuovi meccanismi produttivi.

Se riusciamo a percepire la realtà di un mondo in cui tutto è connesso, liberandoci dai vincoli del dualismo astratto, possiamo anche intravedere delle nuove possibilità. La disperazione cede il posto alla speranza e l'aggressività a una pratica non violenta. Anche la scarsità può trasformarsi in abbondanza, la precarietà in sicurezza, e la diversità che un tempo generava violenza può diventare un modo per vivere in pace.

La nostra identità di esseri umani prende forma dalla cultura dei cibi che mangiamo, dei vestiti che indossiamo, delle nostre lingue e dei nostri valori. Il capitalismo globale ha cancellato questo contesto concreto, specifico e differenziato, per sostituirlo con la monocultura consumistica di McDonald's e Coca-Cola da un lato, e con la proliferazione di identità ostili e negative dall'altro.

L'idea cartesiana di libertà si fonda sui concetti di separazione e indipendenza. Nel sistema capitalistico patriarcale, i possessori di capitale e proprietà privata si richiamano a questa concezione per definirsi indipendenti, quando invece dipendono dalle donne, dai contadini, dagli operai, da altre culture e altre specie. Questi uomini si spingono fino a definire dipendenti quelli che in realtà li sostengono con il loro lavoro e che vengono sfruttati. In una società patriarcale, le donne vengono sempre considerate come dipendenti. E per l'ideologia che giustifica l'imperialismo come missione liberatoria, i popoli colonizzati dipendono dall'impero perché gli sono debitori della libertà. Il potere arrogante, che si esprime attraverso atti di dominio e violenza, sottovaluta sempre l'importanza dei ruoli altrui. È una visione angusta, una mancanza di consapevolezza che genera iniziative quali il Project for the New American Century (Pnac), che sostiene che "la leadership americana è importante per l'America come per il resto del mondo e si fonda sulla forza delle armi, sull'energia diplomatica e sulla dedizione ai principi morali".[3]

Con il pretesto di voler attuare delle "riforme economiche", la globalizzazione imperialista impone con violenza la propria monocultura di avidità e consumismo alle altre culture. Il disagio sociale che ne deriva e la conseguente formazione di identità negative ed esclusiviste vengono poi dissociati da questo processo e deprecati come forme di opposizione retriva al progresso sociale.

In realtà, sia l'adesione al ruolo di meri consumatori all'interno del mercato globale sia il ricorso a un'identità culturale negativa fondata sulla paura e sull'odio non hanno niente a che spartire con le aspirazioni, i valori e gli obiettivi che conferiscono un senso alla nostra umanità. Le identità negative vengono talvolta celebrate come legami che mantengono unita una società. "Non c'è coesione più profonda di quella che proviamo davanti a uno spargimento di sangue provocato dal nemico comune," commentava un articolo di "Business Week" sugli attentati terroristici avvenuti a Madrid nel 2004. Ma anche questa è un'identità negativa che prende forma dall'odio, un'immagine critica e distorta della collettività.[4]

Le culture di morte si autodistruggono, mentre le loro identità negative innescano nuove forme di violenza. La scelta del terrorista che si fa esplodere evidenzia bene la mancanza di prospettive e la disperazione che caratterizzano tali atteggiamenti.

Le identità positive prendono invece forma dal sentimento di compassione e dalla consapevolezza di appartenere a un'unica famiglia terrena. Esse sono più forti dei comportamenti generati dall'odio, perché fanno leva sulla condivisione di un percorso evoluzionistico comune e di un unico futuro. Noi tutti, e a maggior ragione i popoli indigeni, siamo particolarmente radicati al territorio d'origine, abbiamo sviluppato dei vincoli profondi che ci uniscono alla nostra famiglia, alla comunità e alla nazione. Possediamo dunque un'identità locale che si compenetra con quella universale, con la nostra identità di membri di un'unica famiglia terrena. Le culture che valorizzano la vita si fondano su questo binomio di identità locali e universali e si traducono in forme di comportamento pacifiche, vitali, costruttive e in grado di riprodursi nel tempo. Le culture di vita traggono sostentamento dalla vitalità stessa del pianeta e della comunità che lo popola.

Per far fronte alle crisi economiche, ecologiche e sociali provocate dalla globalizzazione occorre introdurre un nuovo modo di pensare e vivere su questo pianeta. Dovremo innanzitutto adottare una visione universale improntata sulla compassione, anziché sull'avidità. E una concezione che non ci riduca al ruolo di consumatori di beni commercializzati globalmente, se facciamo parte dei pochi privilegiati, o di soggetti esclusi e relegati in identità anguste, frammentarie e unidimensionali sulla base del colore della pelle o dell'appartenenza a una religione o a un'etnia. Possiamo e dobbiamo definirci come esseri viventi dotati di una consapevolezza planetaria, in grado di riconoscere l'impatto delle nostre scelte e dei nostri consumi sugli altri popoli, sulle altre specie e sulle generazioni future.

Una rete di rapporti analoga a quella che ci unisce a tutte le forme di vita passate, presenti e future che popolano il pianeta correla anche le varie dimensioni che compongono la nostra esistenza. L'economia e la cultura si condizionano così reciprocamente.

Una cultura improntata a una visione democratica della globalità deve ridefinire l'oggetto e le modalità di produzione e consumo, nonché indicare gli strumenti e le procedure di autogoverno.

Il movimento democratico emergente prende spunto dall'esperienza quotidiana per sviluppare dei modelli alternativi che trasformino l'operato dei governi, degli organismi intergovernativi, delle Ong e delle grandi imprese. Rafforzando il ruolo delle comunità locali, definisce anche un nuovo paradigma di gestione della realtà globale. Analogamente, la tutela dell'ambiente non avviene in contrapposizione, ma in sinergia con il conseguimento di uno sviluppo economico effettivo. E questo approccio consente di neutralizzare anche i pericoli connessi alla crescita del disagio sociale, della paura e dell'odio.

In questa nostra epoca di violenza e superficialità, l'approccio che ho definito come "democrazia della terra" implica una nuova visione del mondo che non si fonda sul conflitto perenne, ma su una cooperazione finalizzata a consolidare la pace, la giustizia e la sostenibilità. A tale visione si richiamano le culture vitali che si ispirano alla saggezza antica delle tradizioni indigene e alla solidarietà dei nuovi movimenti che lottano contro la globalizzazione, l'intolleranza e la guerra. La consapevolezza planetaria del genere umano non si fonda soltanto sul riconoscimento delle nostre origini comuni, ma anche sull'apprensione per un futuro messo in pericolo dai molteplici effetti negativi della globalizzazione. La crisi attuale coinvolge tutte le dimensioni della nostra esistenza, facendoci percepire con chiarezza che anche il nostro operato può incidere simultaneamente sul piano locale, nazionale e globale. E tale consapevolezza della natura molteplice e differenziata della realtà, nonché dell'atteggiamento non violento e inclusivo che occorre assumere per poterla esperire, produce a sua volta una nuova cultura che valorizza la nostra comune identità di esseri umani e la ricchezza delle sue diversità.

Come ci insegna Gandhi, la pratica della non violenza non si limita a ripudiare i comportamenti aggressivi, ma presuppone anche un atteggiamento attivamente compassionevole. La cultura indiana ha elaborato diverse applicazioni di questa pratica della non violenza, o *ahimsa*. In ambito economico, essa implica che i nostri sistemi di produzione, commercio e consumo non devono compromettere lo spazio ecologico di altre specie o di altri popoli. Per converso, un'economia violenta è quella in cui l'organizzazione economica e le strutture economiche dominanti usurpano e recintano lo spazio ecologico altrui.

Secondo un antico testo indiano, la *Isho Upanishad*:

> L'universo è stato creato dal Potere Supremo per il bene di tutta la creazione. Ogni singola forma di vita deve pertanto imparare a gioire dei suoi doni all'interno di un sistema che correla tutti gli esseri viventi. A nessuna specie è consentito di ledere i diritti altrui.[5]

Ogni volta che adottiamo un sistema di produzione o consumo che richiede più di quanto non generi, abbiamo fatto ricorso alla violenza. Un consumo e una produzione non sostenibili costituiscono un sistema economico fondato sulla violenza.

La *Isho Upanishad* condanna esplicitamente questo atteggiamento:

> L'uomo egoista che esaurisce le risorse della natura per provvedere alle sue richieste sempre più ingenti altri non è che un ladro, perché l'impiego di risorse superiore al necessario equivale allo sfruttamento di risorse altrui.[6]

La concezione eurocentrica della proprietà considera gli investimenti soltanto in termini di capitale e si limita pertanto a quantificare i profitti in base al capitale investito. Al contrario, le comunità indigene dei paesi non industrializzati valorizzano anche gli investimenti in termini di lavoro, assistenza e nutrimento. Esse pertanto non si limitano a tutelare il capitale investito, ma anche il mantenimento di quei valori che inducono a evitare gli sprechi di risorse e a favorire la cura e il sostentamento reciproci. In questo modo, anche la cultura del mantenimento, della condivisione e della solidarietà viene a essere preservata.

Ahimsa implica una correlazione profonda di giustizia e sostenibilità. "Non prendere più del necessario" significa lasciare che l'ecosistema conservi una quantità di risorse sufficienti per le altre specie e che i processi ecologici essenziali per assicurare la sostenibilità siano preservati. Ciò significa che rimarranno anche risorse sufficienti per provvedere al sostentamento di altre comunità.

Non prendere più del necessario corrisponde anche all'espressione più alta del principio di precauzione, che invita a non correre rischi quando non si possono prevedere appieno le conseguenze di determinate azioni.

Un sistema economico che s'ispira alla pratica non violenta non può che essere improntato sul pluralismo e sulla diversità. Se i diritti degli altri non vengono calpestati, diverse specie potranno sopravvivere. Contemporaneamente, si assisterà allo sviluppo di una molteplicità di occupazioni e attività commerciali. La diversità rappresenta un barometro per misurare il grado di non violenza, sostenibilità e giustizia presente in una società.

La diversità è anche strettamente connessa alla possibilità di autogoverno. Essa costituisce il presupposto su cui si fondano *swadeshi* e *swaraj*, la libertà economica e politica. Il decentramento e il controllo democratico locale sono corollari politici di un'incentivazione della diversità, perché offrono alle diverse specie e comunità la libertà di autorganizzarsi e di evolvere in funzione dei loro bisogni, delle loro strutture e delle loro priorità. Analogamente, tali condizioni favoriscono il mantenimento della pace.

Le società, gli ecosistemi, gli organismi e le culture che promuovono lo sviluppo di processi vitali sono caratterizzati da tre principi:

1. il principio della diversità;
2. il principio di autorganizzazione, autoregolamentazione e autorinnovamento;
3. il principio di reciprocità, di un equilibrio tra investimento e ritorno, tra il dare e l'avere.

La diversità è ciò che rende possibile l'interazione reciproca e la ricerca di un equilibrio tra il dare e l'avere. L'interazione reciproca consente a sua volta di applicare il principio di autorganizzazione. Costituendo delle comunità del tutto autonome e autorganizzate, ma al tempo stesso profondamente connesse tra di loro, con le altre specie e con l'intero pianeta, il genere umano pone le basi per la sua futura sopravvivenza. E una democrazia della Terra può incominciare a fiorire, nonostante le guerre e le diverse forme di violenza che la circondano.

I conflitti culturali connessi alla globalizzazione

La globalizzazione non provoca soltanto conflitti economici e di classe. Fomenta anche delle vere e proprie guerre culturali, etniche e religiose. Quando la monocultura della globalizzazione economica viene imposta a società che si ispirano a un'etica o a una religione contrastante, tale diversità non scompare, bensì sviluppa delle reazioni distruttive quali il fondamentalismo religioso, la pulizia etnica e altre patologie connesse ai conflitti culturali. Tali mutazioni delle culture dipendono da fattori diversi.

In *World on Fire*, Amy Chua rileva che la polarizzazione economica introdotta dalla globalizzazione si sovrappone a diseguaglianze sociali preesistenti, che coincidono spesso con differenze di carattere etnico. Il conflitto di classe può dunque prendere le sembianze di un conflitto etnico.

Il sovvertimento di norme, valori e tradizioni prodotto dalla globalizzazione provoca inoltre una reazione culturale violenta. Quando questa reazione non si traduce in una difesa del controllo democratico dell'economia e non sviluppa modelli economici alternativi, si assiste alla comparsa di ideologie e identità negative.

La cultura è inseparabile dall'economia. L'ideologia neoliberista che promuove l'espansione del mercato globale vorrebbe eliminare le tradizioni culturali, ma deve fare i conti con la loro capacità di imporsi anche come surrogato della sicurezza economica e del benessere perduto. Il fondamentalismo religioso funziona, secondo la sempre valida intuizione di Marx, come "oppio dei popoli".

I partiti e gli esponenti politici che difendono il modello di sviluppo neoliberista contribuiscono tra l'altro alla diffusione dell'intolleranza religiosa, perché si servono della religione per legittimare un potere politico che dichiarano di detenere per volontà divina, anziché per l'appoggio delle grandi imprese e del capitale. Il "diritto a regnare per volontà divina", che sembrava scomparso insieme al feudalesimo, si ripropone oggi con frequenza allarmante all'interno di quelle istituzioni democratiche indebolite dalla globalizzazione.

Maureen Dowd, editorialista e vincitrice del premio Pulitzer, fa notare che i fondamentalisti evangelici che hanno determinato la rielezione di George Bush non credono in precetti cristiani quali "ama il prossimo tuo", "pace agli uomini di buona volontà", "beati i portatori di pace" e "non giudicare se non vuoi essere giudicato". Dowd cita la lettera che l'evangelista Bob Jones ha inviato al presidente, dicendogli che "Cristo ti ha concesso di porti al suo servizio" per "lasciare un'impronta di giustizia sulla Terra". Jones definisce così il mandato presidenziale:

> Con la tua rielezione, Dio ha generosamente concesso all'America, che pure non lo meritava, una pausa di sollievo dalla degenerazione pagana... Porta a termine il tuo programma senza esitazioni e ricordati che non devi niente all'opposizione. Ti disprezzano, perché disprezzano anche il tuo Dio.[7]

Secondo Stephen Mansfield, un autore vicino alle convinzioni religiose dell'attuale presidente degli Stati Uniti, lo stesso Bush avrebbe dichiarato:

> Sento che Dio mi chiama a candidarmi per la presidenza. Non so perché, ma sento che il mio paese avrà presto bisogno di me. Qualcosa sta per accadere... So che non sarà facile per me e per la mia famiglia, ma questa è la volontà di Dio.[8]

Anche L.K. Advent, presidente del partito indiano Bjp, si appella alla volontà divina:

> Il Bjp è lo strumento che Dio ha scelto per aiutare il paese a risolvere le sue attuali difficoltà e a conseguire risultati sorprendenti in ogni campo.[9]

L'imperialismo è un orientamento di natura al tempo stesso economica e culturale. Non è un caso che si moltiplichino le professioni di zelo religioso, arroganza e oltranzismo volte a redimere le vittime dalla barbarie o dal peccato. I barbari di oggi sono i cittadini dell'Afghanistan, dell'Iran, dell'Iraq e della Siria. Due secoli fa si diceva che anche l'India, all'epoca obiettivo di conquista imperiale, doveva essere redenta. Nel momento stesso in cui l'industria e l'agricoltura indiana venivano affossate, il Parlamento britannico si perdeva in lunghe diatribe sulla necessità di civilizzare e cristianizzare l'India. William Wilberfree, che la dipinse come un paese "degenerato, un abisso di corruzione e degradazione morale e sociale", si guardava bene dal soffermarsi sulla povertà provocata dall'imperialismo e sui benefici apportati all'economia inglese.[10] Secondo Wilberfree, il successo britannico derivava soltanto da una "superiorità religiosa e morale". Egli si augurava dunque che ogni ostacolo "all'accesso alla beatitudine della luce cristiana sia presto rimosso, per consentire a questa 'terra ravvivata' e a questi 'tristi cuori' di poter gioire della verità, dell'amore e della consolazione divina".[11]

La costruzione di un impero avviene di pari passo con l'imposizione di un imperialismo religioso e culturale. Così si afferma l'intolleranza per ogni forma di diversità e l'illusione di poter liberare il mondo attraverso il ricorso alla violenza. Il fondamentalismo evangelico degli Stati Uniti di oggi trova eco nella retorica dell'imperialismo britannico. È un'ideologia che assolve alla duplice funzione di occultare le ingiustizie e i soprusi economici reali e di imporre la colonizzazione culturale come se si trattasse di una specie di cura.

I genocidi indotti dalla globalizzazione

I conflitti economici provocati dalla globalizzazione sono soltanto una manifestazione ulteriore e un proseguimento delle guerre imperiali. Emblematica in questo senso è la nomina di Paul Wolfowitz, tra i principali strateghi della guerra in Iraq e del Project for the New American Century, a presidente della Banca mondiale.

Per la sua capacità di compromettere la sopravvivenza della maggior parte del genere umano e di trasformarci così in una specie a rischio di estinzione, la globalizzazione imperialista costituisce la peggiore arma di distruzione di massa che la nostra epoca abbia realizzato. Il piano di sviluppo dell'agricoltura industriale e globalizzata implica l'estinzione di due terzi dell'umanità, ovvero di tutti i piccoli agricoltori. Anche le donne, che rappresentano metà del genere umano, vengono prese di mira da un insieme di sottili trasformazioni della struttura sociale che genera nuovi squilibri. Poiché il capitalismo globale rafforza i pregiudizi patriarcali delle culture tradizionali, la condizione femminile diventa sempre più precaria.

Il massacro di contadini provocato dal Wto

Il martirio di Lee Kyung Hae – che si suicidò esibendo un cartello con la scritta "Il Wto uccide i contadini" durante gli incontri ministeriali di Cancun – mirava ad attirare l'attenzione su uno dei peggiori genocidi della nostra epoca, il genocidio dei piccoli agricoltori provocato dalla globalizzazione. Questo suicidio costituisce infatti un gesto pubblico e simbolico che rivela la presenza di decine di migliaia di altre vittime nascoste. Nell'arco di un decennio, trentamila contadini sono stati travolti dai cambiamenti introdotti in India dalla globalizzazione. Secondo il National Crime Bureau indiano, sedicimila piccoli agricoltori si sono suicidati soltanto nel 2004. Nel solo Andhra Pradesh, vi sono stati 1860 suicidi nei primi sei mesi dello stesso anno.[12]

Il dramma dei suicidi di massa dei contadini esplose in India nel 1997, in seguito all'applicazione di normative imposte dalle multinazionali dell'agroindustria che distruggono deliberatamente le piccole aziende agricole, deprivano i piccoli agricoltori dei loro diritti e dei loro beni e li abbandonano alla miseria.

I contadini indiani costituiscono ancora oggi la più grande comunità di agricoltori sopravvissuta alla modernizzazione globale, ma si trovano a dover fronteggiare il rischio di estinzione. In India, una nazione che conta un miliardo di abitanti e che da più di cinquemila anni è dedita all'agricoltura, la terra rappresenta senz'altro il datore di lavoro più generoso. Due terzi della popolazione indiana si sostenta infatti con il lavoro della terra. Tuttavia, da quando l'agricoltura è stata svincolata dal suo rapporto con il suolo, le condizioni climatiche e la biodiversità, per essere ricondotta alle esigenze delle multinazionali e del mercato globale, anche la generosità della terra lascia il posto all'avidità delle grandi imprese. I piccoli agricoltori si suicidano perché non sono più in grado di sostentarsi, e la loro tragedia è sintomatica della crisi di sopravvivenza che coinvolge tutti i contadini indiani.

I contadini si suicidano perché si trovano a essere improvvisamente sommersi dai debiti. L'indebitamento riflette la crisi di un'economia che un tempo era produttiva, ma che in seguito all'aumento dei costi di produzione e al crollo dei prezzi dei prodotti agricoli, conseguenze dirette della liberalizzazione dei mercati e della globalizzazione, è diventata insostenibile per i piccoli agricoltori.

Nel 1998, le misure di aggiustamento strutturale introdotte dalla Banca mondiale imposero all'India di accettare l'ingresso di multinazionali quali Cargill, Monsanto e Syngenta nel settore delle sementi. In breve tempo, la gestione delle risorse produttive si trovò a essere completamente alterata: le sementi custodite dai contadini vennero sostituite da quelle industriali, che richiedono l'uso di pesticidi e che non possono essere riutilizzate.

Le multinazionali brevettano le sementi e vi introducono dei tratti genetici non rinnovabili proprio per impedire che vengano adoperate per più di un raccolto. I contadini poveri sono così costretti ad acquistare ogni volta delle sementi nuove, perché quella risorsa tradizionalmente gratuita che si poteva ricavare mettendo da parte una piccola quantità di raccolto si è trasformata in merce. I costi di produzione aumentano e con essi crescono anche l'indebitamento e la povertà.

Il passaggio dalla conservazione individuale delle sementi a una produzione controllata dal monopolio delle multinazionali implica anche un aumento delle monocolture a scapito della biodiversità. Il distretto di Warangal in Andhra Pradesh produceva diverse varietà di leguminose, miglio e semi oleosi. L'imposizione della monocoltura del cotone ha provocato un impoverimento dei contadini e dell'economia della natura locale.

Le monocolture e le nuove varietà uniformi sono anche più soggette a perdite di raccolti, perché invece di impiegare diverse varietà di sementi in grado di adattarsi alle caratteristiche specifiche degli ecosistemi, i contadini possono acquistare un solo tipo di sementi industriali, che vengono lanciate sul mercato in fretta e spesso senza una debita sperimentazione. Nel 2002, quando per la prima volta Monsanto introdusse il cotone Bt sul mercato indiano, le perdite sul raccolto ammontarono a un miliardo di rupie. Invece dei millecinquecento chili per acro promessi dalla multinazionale, se ne ottennero soltanto duecento. E invece del previsto ricavo di diecimila rupie per acro, i contadini si trovarono a dover far fronte a perdite pari a seimilaquattrocento rupie per acro. Analogamente, nello stato di Bihar, la sostituzione delle sementi di granoturco tradizionali con quelle ibride brevettate da Monsanto provocò perdite pari a quattro miliardi di rupie, con conseguenze disastrose per l'aumento della povertà di contadini che erano già disperatamente poveri.[13] I piccoli agricoltori del Sud del mondo non hanno alcuna possibilità di sopravvivere al monopolio delle sementi imposto dalle multinazionali, come dimostra il tragico incremento di suicidi.

Il secondo fattore negativo è dato dal crollo dei prezzi dei prodotti agricoli che deriva dalla liberalizzazione dei mercati imposta dal Wto. Le normative introdotte dal Wto mirano di fatto a favorire il *dumping*, l'immissione sui mercati di massicce quantità di prodotti a prezzi estremamente bassi. Il Wto autorizza i paesi più ricchi ad aumentare i sussidi per la produzione agroindustriale, costringendo le altre nazioni a importare prodotti a prezzi artificialmente ridotti. La rimozione forzata delle restrizioni relative all'importazione, unita a quattrocento miliardi di dollari di sussidi per l'agroindustria, è una ricetta sicura per innescare il suicidio di massa dei contadini. Dal 1995 al 2001, i prezzi del grano sul mercato mondiale sono scesi da 216 a 133 dollari per tonnellata; i prezzi del cotone da 98,2 a 49,1 dollari per tonnellata; quelli dei semi di soia da 273 a 178 dollari per tonnellata. Questa tendenza non dipende da un aumento della produttività, ma soltanto da un incremento dei sussidi e dal monopolio di poche multinazionali dell'agroindustria che si spartiscono i mercati.

Se il governo degli Stati Uniti finanzia la produzione nazionale di semi di soia fornendo 193 dollari per tonnellata di sussidi, è chiaro che il prezzo della soia sul mercato mondiale si ritroverà a essere artificialmente ribassato. In India invece, la riduzione delle tariffe e la rimozione dei limiti all'importazione ha mandato in rovina non soltanto i piccoli produttori di soia, ma anche gli agricoltori che operano nei settori limitrofi della produzione di olio di arachidi, cocco, senape e sesamo.

Analogamente, la produzione di cotone americana riceve quattro miliardi di dollari all'anno. Questi finanziamenti governativi le consentono di abbassare artificialmente i prezzi e di monopolizzare mercati un tempo accessibili anche a paesi poveri dell'Africa come il Burkina Faso, il Benin e il Mali. Gli agricoltori africani non possono certo competere con sussidi pari a duecentotrenta dollari all'acro. Ecco perché la delegazione dei piccoli paesi dell'Africa ha deciso di abbandonare i negoziati di Cancun, provocando il fallimento dell'incontro del Wto.

La manipolazione dei prezzi dei prodotti agricoli distribuiti sui mercati mondiali ricade direttamente sui contadini poveri del Sud del mondo. Un'indagine condotta dalla Research Foundation for Science, Technology and Ecology rivela che il danno subito dai piccoli agricoltori indiani ammonta a ventisei miliardi di dollari all'anno. La loro povertà non li rende in grado di fare fronte a tali perdite. Se i debiti aumentano, mentre gli introiti provenienti dai raccolti continuano a essere inferiori alle spese, non rimane loro che vendere un rene o suicidarsi. Il libero accesso alle sementi è d'importanza vitale per i contadini, perché il monopolio dell'agroindustria li uccide.

Pertanto sarebbe meglio non parlare di "suicidi", per non nascondere le ragioni sociali di questi drammatici eventi. Il gesto individuale di un contadino povero può essere considerato come un suicidio. Ma quando sedicimila piccoli agricoltori indiani si tolgono la vita nell'arco di un anno occorre guardare agli effetti della politica economica: non si tratta più di suicidi, bensì di una vera e propria forma di genocidio.

Un'indagine sulla violenza pubblicata dall'Organizzazione mondiale della sanità definisce il genocidio come "una forma di violenza collettiva particolarmente odiosa, perché chi perpetra un genocidio prende intenzionalmente di mira una parte della popolazione al fine di distruggerla". Il documento prosegue fornendo anche una definizione del concetto di violenza collettiva:

> Il ricorso strumentale alla violenza da parte di persone che si qualificano come membri di un gruppo – sia esso transitorio o dotato di un'identità più permanente – ai danni di un altro gruppo o insieme di individui, al fine di raggiungere un obiettivo politico, economico o sociale.[14]

Secondo la Convenzione delle Nazioni unite sulla prevenzione e la punizione dei crimini di genocidio:

> Per genocidio si intende uno qualsiasi dei seguenti atti compiuto con l'intento di distruggere una parte o la totalità di un gruppo nazionale, etnico, razziale o religioso [...],
> (c) costringendo deliberatamente tale gruppo a subire delle condizioni di vita che conducono a una distruzione fisica parziale o totale.[15]

La politica agricola del Wto è stata formulata con l'intento di distruggere i piccoli agricoltori per consegnare il settore nelle mani delle grandi imprese dell'agroindustria. La liberalizzazione del commercio costringe i contadini poveri a subire delle condizioni di vita tali da assicurare la scomparsa dei piccoli produttori indipendenti. La politica del Wto si traduce dunque in un genocidio dei piccoli agricoltori.

Qualsiasi strategia economica, accordo commerciale o sviluppo tecnologico introdotto al fine di consegnare l'agricoltura al monopolio delle multinazionali equivale a un impiego strumentale della violenza ai danni dei contadini. Tali politiche genocide vengono perpetrate per provocare l'estinzione dei piccoli agricoltori e delle aziende agricole a conduzione familiare. I gruppi responsabili di tale violenza includono il Wto, la Banca mondiale e il Fondo monetario internazionale, le multinazionali dell'agroindustria e i governi. L'accordo sull'agricoltura siglato dal Wto si spinge fino ad auspicare un "pensionamento dei produttori", un modo gentile di definirne lo sterminio. La Banca mondiale, pur riconoscendo la produttività dei piccoli agricoltori, perché "i piccoli proprietari sono ottimi amministratori delle loro risorse, in termini di terre, capitale, acqua e fertilizzanti", insiste sulla necessità di porre fine alla piccola produzione indipendente, che viene concepita come mera "agricoltura di sussistenza". Per poter fornire manodopera a basso prezzo all'agroindustria e per produrre merci sussidiate da destinare all'esportazione, la Banca mondiale propone dunque un modello di sviluppo che depriva deliberatamente milioni di contadini della loro libertà e della loro stessa vita.

La globalizzazione produce una crescita economica che non prevede un aumento dell'occupazione, ma si limita a riconvertire i piccoli produttori esperti e indipendenti in una manodopera precaria e dequalificata. Questo deliberato assalto ai piccoli contadini equivale a una negazione assoluta del loro diritto di vivere e di condurre un'esistenza dignitosa. Si tratta dunque di un atto di violenza intenzionale compiuto al fine di conseguire un obiettivo politico ed economico – il monopolio delle multinazionali sul settore della produzione alimentare.

Insieme al Brasile e alla Cina, l'India si è opposta alle politiche agricole inique del Wto e ha dato vita all'alleanza del G22. Tale alleanza si propone di difendere le prospettive di vita dei contadini poveri dalle ingiustizie di un libero mercato che si basa, in realtà, su una massiccia concessione di sovvenzioni e sul *dumping*.

Eppure, a livello di politica interna, gli organismi governativi si rifiutano di riconoscere il nesso tra libero mercato e declino dei piccoli agricoltori.

Il governo indiano sta facendo di tutto per distogliere l'attenzione dai suicidi dei contadini poveri e per dissociare il fenomeno dagli effetti della globalizzazione. Una commissione di esperti istituita dallo stato del Karnataka afferma che "il governo dovrebbe perseguire i responsabili della campagna di disinformazione che collega i suicidi dei contadini alla scarsità dei raccolti e all'indebitamento".[16]

In realtà, non c'è modo di dissociare la tragedia dei piccoli agricoltori dai debiti e dalla miseria in cui sono stati gettati. Il problema dell'indebitamento non è nuovo. I contadini si sono sempre rivoltati contro la schiavitù dei debiti. Nel Diciannovesimo secolo, per esempio, gli scontri di Deccan derivarono dalla protesta dei piccoli produttori che attraverso il ricatto dei debiti venivano costretti a fornire cotone a basso costo all'industria tessile britannica. Negli anni ottanta, i contadini chiesero invece il condono dei debiti contratti a causa dello sviluppo della Rivoluzione verde. L'attuale processo di globalizzazione ha conseguenze ancora più devastanti, perché li depriva della loro fisionomia sociale, culturale ed economica di produttori. Non si tratta soltanto di un problema economico, ma della loro stessa identità. Da produttori indipendenti, vengono trasformati in consumatori di costose sementi e costosi pesticidi. Di fronte a tale alleanza disumana, brutale e sfruttatrice tra capitalismo globale e feudalesimo locale, il singolo contadino si ritrova a essere indifeso. La burocrazia e i tecnocrati governativi sostengono gli interessi dell'economia dominante e scaricano sulle vittime ogni responsabilità.

Per porre fine a questo genocidio, occorre riscrivere le regole del commercio agricolo e modificare radicalmente i criteri della produzione alimentare. Il genere umano non può pensare di alimentarsi provocando l'estinzione dei piccoli contadini o di altre specie. Un'altra agricoltura è possibile e necessaria, un'agricoltura che assicuri ai contadini delle prospettive di vita dignitose e che protegga la terra, la sua biodiversità e la nostra salute.

I suicidi dei contadini poveri derivano dall'indebitamento, che è a sua volta provocato dall'aumento dei costi di produzione e dal crollo dei prezzi dei prodotti agricoli. Entrambi questi fattori sono effetti deliberati della liberalizzazione del commercio e delle riforme economiche volute dalle multinazionali dell'agroindustria. Pertanto i suicidi dei contadini sono il portato inevitabile di una politica agricola che tutela gli interessi del capitalismo globale e ignora quelli dei piccoli agricoltori.

Eppure, il governo indiano propone di risolvere una tragedia indotta dalla globalizzazione stipulando dei contratti a cottimo che consegnano la coltivazione dei terreni all'agroindustria. Il rapporto della commissione Vereesh sui suicidi del Karnataka consiglia di "individuare delle zone speciali da dedicare alle monocolture. La coltivazione a cottimo di tali terreni dovrebbe consolidare le aziende agricole più piccole e marginali, migliorando anche la loro situazione economica".[17] In altri termini, il problema stesso viene proposto come cura.

Le piccole aziende agricole non sono economicamente instabili a priori. In realtà, tendono a essere più produttive ed efficienti delle grandi tenute. I problemi delle piccole proprietà non derivano dalle loro dimensioni, ma piuttosto dalle regole inique di un'agricoltura globale controllata dalle multinazionali.

La produttività delle piccole aziende è sempre superiore, se viene misurata in rapporto alla biodiversità. Questo tipo di misurazione rivela che i piccoli contadini sono in grado di provvedere al fabbisogno alimentare dell'umanità intera. Il loro raccolto è caratterizzato da un livello di produttività notevole, grazie all'interazione di molteplici varietà di specie utilizzate con funzioni diverse. In Brasile, la produttività media delle tenute inferiori a dieci ettari è di ottantacinque dollari all'ettaro, mentre la produttività di tenute di cinquecento ettari scende a due dollari all'ettaro. In India, le tenute inferiori a cinque acri producono 735 rupie per acro, mentre quelle di trentacinque acri producono soltanto 346 rupie per acro.[18]

Oltre a compromettere la sopravvivenza dei contadini poveri, una politica che provoca deliberatamente la scomparsa delle piccole aziende agricole si ripercuote dunque sull'efficienza della produzione alimentare. Le grandi tenute a conduzione industriale si rivelano infatti meno produttive in termini di impiego di risorse, di energie e per l'apporto nutritivo dei loro prodotti.

Riconvertire le zone più povere in monocolture destinate all'esportazione e promuovere l'assegnazione di coltivazioni a cottimo significa aggravare ulteriormente la crisi dell'agricoltura indiana. In questo modo, i contadini si troverebbero a essere completamente esposti ai rischi della produzione industriale, perché verrebbe meno il supporto delle coltivazioni miste. Anche la loro dipendenza dai costi esorbitanti dell'agroindustria e dalle speculazioni del mercato diventerebbe totale. Per poter sopravvivere, essi sarebbero costretti a vendere il frutto del loro lavoro, e a venderlo ai prezzi imposti dal mercato. La coltivazione a cottimo è soltanto una nuova forma di servitù feudale, in cui le condizioni di indebitamento e dipendenza del piccolo produttore non possono che peggiorare.

Le zone dedicate all'esportazione (Agri-Export Zones, Aez) sono state create per facilitare l'esportazione di prodotti agricoli e incrementare i profitti dei produttori locali. L'intento dichiarato è quello di rafforzare la posizione dell'India all'interno del mercato agricolo mondiale. A tale scopo, l'Agriculture and Processed Food Product Export Development Authority (Apeda), l'istituzione governativa delegata all'esportazione dei prodotti alimentari, ha lanciato anche un mercato virtuale, il Virtual Trade Fair (Vtf), attraverso il quale la frutta, gli ortaggi e altri tipi di prodotti agricoli indiani possono essere venduti e acquistati in rete in tutto il mondo. Si ritiene che lo sviluppo delle Aez aiuti i contadini indiani ad affermarsi sui mercati internazionali, utilizzando un canale che consente al produttore di raggiungere direttamente l'acquirente e il luogo di consegna delle merci. Si auspica anche che queste nuove zone trasformino l'economia delle regioni selezionate. Tuttavia, poiché l'intero paese è fondato su un'economia agricola, tutte le regioni dell'India dovrebbero essere oggetto di investimenti e sostegni governativi. L'incentivazione delle Aez, che oltretutto non risolve i problemi connessi ai suicidi dei contadini, provocherà invece un sottosviluppo dell'agricoltura delle regioni non coinvolte.

Il tasso di suicidi più alto si registra in Andhra Pradesh e nel Punjab, due stati in cui la presenza di monocolture destinate all'esportazione e il conseguente ricorso a metodi di coltivazione industriale, in particolare alle sementi prodotte da Monsanto, hanno già raggiunto proporzioni dominanti. Gli stati in cui i contadini possono ancora adoperare i loro semi e coltivare raccolti finalizzati al sostentamento delle comunità locali sono invece riusciti a evitare la trappola dell'indebitamento che genera tanta disperazione.

La crisi dei coltivatori di patate dimostra che l'ostinazione con cui il governo si concentra sull'esportazione e sulle coltivazioni a cottimo non risolve il problema, ma contribuisce ad aggravarlo. In Uttar Pradesh, il fenomeno dei suicidi ha avuto inizio proprio con la creazione di zone speciali destinate all'esportazione delle patate. I costi di produzione che ricadono sui contadini ammontano a 255 rupie per quintale, mentre il prezzo delle patate è di sole 40 rupie al quintale. Ne consegue una perdita di ben 215 rupie per ogni quintale prodotto. Per ogni ettaro di terreno coltivato industrialmente i costi oscillano tra le 55.000 e le 65.000 rupie, di cui 40.000 rupie dipendono dal solo acquisto delle sementi. Così McDonald's e altre multinazionali come la Pepsi possono rifornirsi di patate a basso prezzo e produrre "patatine fritte per tutti", ma i loro profitti prosciugano le scarse risorse dei contadini.

Questo fenomeno, che si ripropone anche nei settori della coltivazione del cotone, dei pomodori, dei semi oleosi e di altri prodotti agricoli, è da imputare alla politica di liberalizzazione dei mercati condotta dalla Banca mondiale e dal Wto. La globalizzazione e i liberi mercati hanno provocato la crisi dei coltivatori di patate e della produzione agricola più in generale intervenendo su tre livelli:

1. attraverso l'imposizione di una politica economica che non tiene conto della qualità del prodotto e degli interessi dei piccoli produttori, ma soltanto delle esigenze del mercato e dei profitti delle grandi imprese;
2. con la conversione di un'agricoltura fondata sulla diversità in monocolture standardizzate, che richiedono ingenti investimenti di capitali e l'apporto di risorse chimiche, e con la liberalizzazione del settore delle risorse produttive, in particolare quello delle sementi. Tutto ciò provoca un incremento eccessivo dei costi di produzione;
3. attraverso la liberalizzazione dei mercati e l'abolizione dei sistemi governativi di regolamentazione dei prezzi, che provocano il crollo dei prezzi dei prodotti agricoli.

In India, le nuove politiche di sviluppo dell'agricoltura prevedono l'abolizione dei sussidi ai contadini per raccogliere nuovi fondi da convogliare nell'incentivazione dell'agroindustria e del commercio. In un dibattito sulla crisi dei coltivatori di patate, il ministro dell'Agricoltura dell'Uttar Pradesh si è soffermato sulle sovvenzioni concesse ai settori della conservazione a freddo e dei trasporti come se si trattasse di una soluzione in grado di risolvere il problema. In realtà, questi sussidi non riguardano i contadini, ma coinvolgono soltanto gli operatori del commercio e le grandi imprese. Anche le facilitazioni concesse alla Pepsi in Punjab sono frutto di una politica che privilegia gli interessi del mercato. Quando il prezzo dei pomodori era di due rupie al chilo, Pepsi pagava i contadini da 0,80 a 0,50 centesimi al chilo, e riceveva anche un finanziamento governativo per il trasporto pari a dieci volte l'ammontare dell'acquisto. In Uttar Pradesh, i proprietari di celle frigorifere hanno ricevuto sussidi per cinquecento milioni di rupie, ma i contadini non ne hanno tratto alcun beneficio. I piccoli agricoltori devono infatti pagare centoventi rupie per ogni sacco di patate da conservare a freddo. I proprietari di celle frigorifere approfittano della crisi per aumentare i prezzi. L'incremento della produzione di patate in Uttar Pradesh si traduce in una massiccia diversione di risorse finanziarie dai contadini indebitati agli operatori di mercato, dai produttori ai settori dell'agroindustria e del commercio.

Il governo continua a promettere nuovi interventi e varie strategie di regolamentazione dei prezzi, ma l'avvento della globalizzazione ha neutralizzato di fatto i suoi poteri di intervento sul mercato. Il prezzo ufficiale delle patate, che otto centri governativi di prossima apertura dovrebbero far rispettare, è stato fissato a 195 rupie al quintale. Ma poiché al momento non ci sono controlli sulle transazioni commerciali, i prezzi oscillano in realtà tra le quaranta e le cento rupie al quintale. Una vera cuccagna per l'industria agroalimentare, che vede incrementare i profitti della vendita di patatine, e una catastrofe per il coltivatore che, travolto dalla disperazione, viene spinto al suicidio. Per un sacchetto di duecento grammi di patatine che viene venduto a dieci rupie, l'industria agroalimentare paga soltanto 0,08 rupie di patate ai contadini. Ciò significa che tredici milioni di tonnellate metriche di patate equivalgono a venti miliardi di rupie versate nelle tasche delle multinazionali, ai danni dei contadini poveri dell'Uttar Pradesh.

La Banca mondiale sostiene una politica di sviluppo dell'agricoltura indiana finalizzata all'esportazione. Le nuove zone speciali fanno parte di questo progetto. Ma l'importazione di prodotti agricoli provenienti da altri mercati comporta oggi una spesa di tre volte superiore alle entrate connesse all'esportazione. Nel 2002, l'enfasi sulla necessità di esportare i prodotti agricoli è costata all'India 678 milioni di dollari di prodotti importati, a fronte di soli 248 milioni di dollari ricavati dall'esportazione.

Si vuol far credere che privilegiando gli interessi del mercato e delle grandi imprese a scapito di quelli dei contadini e della qualità dei prodotti si potranno incrementare le esportazioni dei paesi del Sud del mondo e i profitti dei piccoli produttori, in modo tale da ridurne la miseria. In realtà, sta accadendo l'esatto contrario. L'esportazione del tè è scesa da 211.000 tonnellate metriche nel 1997-98 a 128.000 nel 2002-03, con conseguente calo delle entrate da venti a undici miliardi di rupie.[19] Questa mania di esportare riduce le esportazioni e i rendimenti. Invece di porre fine alla povertà dei contadini, pone fine alla loro stessa esistenza.

La globalizzazione dell'agricoltura si è dimostrata fallimentare a ogni livello, per la salute del pianeta e dei suoi abitanti. Soltanto l'agroindustria e il commercio globale traggono benefici da questa guerra condotta contro i contadini e contro la terra.

Il nostro progetto di pace deve dunque fondarsi sull'insegnamento di un'agricoltura non violenta, di una cultura che promuove forme di cocreazione e coproduzione con la terra. L'affermazione di nuove culture che valorizzano la vita non può prescindere dalla difesa di quelle tradizioni agricole che rispettano la terra e tutti gli esseri viventi. L'agricoltura coinvolge il 70 per cento del territorio, il 70 per cento delle risorse idriche e il 70 per cento delle risorse umane presenti sul pianeta. E nonostante i disastri provocati dall'agroindustria globale, notiamo anche la diffusione di nuove pratiche alternative, di una nuova cultura dell'alimentazione. Ovunque queste iniziative riescano a svilupparsi, a prescindere dalle loro dimensioni, anche la cultura incomincia a cambiare.

I progetti di sviluppo alternativo della produzione agricola e alimentare riescono a far confluire le associazioni di contadini, i movimenti ecologisti, animalisti e quelli che difendono gli interessi dei consumatori in un grande movimento per la tutela della diversità biologica e culturale. Dobbiamo credere che la diversità e la coproduzione possano sconfiggere i monopoli e le monoculture, in modo tale da sostituire la penuria con l'abbondanza, l'incertezza con la sicurezza economica. L'attuale agricoltura aggressiva deve lasciare il posto a un'agricoltura di pace – pace per il suolo, per i pianeti, per tutti gli animali e pace per tutti i popoli.

La globalizzazione e i crimini contro le donne

Come portato del capitalismo patriarcale la globalizzazione alimenta e peggiora anche gli atti di violenza contro le donne, deprivandole delle loro capacità creative e produttive. Il cibo e l'acqua, che tradizionalmente appartengono alla sfera del lavoro e delle competenze femminili, sono stati trasformati in merci di proprietà delle grandi imprese. Le donne vengono così rimosse dai ruoli produttivi che rivestivano nelle loro comunità e trasformate in forza lavoro dequalificata, in balia delle esigenze del mercato.

L'incremento del traffico di donne è un'altra tragica conseguenza della globalizzazione. L'industria del sesso rappresenta spesso l'unica opzione di sopravvivenza concessa a queste vittime dell'economia globalizzata. In un mondo fondato sul commercio, anche le donne diventano merci da destinare alla compravendita e al consumo. Ovviamente, il dramma della prostituzione colpisce soprattutto le donne dei paesi poveri, particolarmente in Asia e nell'Europa dell'Est, paesi in cui la globalizzazione contribuisce a erodere e rendere più precario il lavoro femminile.

L'importanza del lavoro femminile per le economie di sussistenza

Tradizionalmente, le donne svolgono un ruolo fondamentale all'interno delle economie di sussistenza. A loro viene affidato il compito di prendersi cura dei bambini e dei malati, di assistere gli anziani e i bisognosi, di dispensare l'acqua e il cibo.

Oltre a distruggere l'economia della natura, che controlla i processi di rigenerazione dell'ambiente, la "crescita" prodotta dalla globalizzazione compromette l'economia di sussistenza dei popoli e colpisce anche il duro lavoro, spesso misconosciuto e non pagato, che le donne compiono per mantenere in vita la società.

Se l'economia di mercato entra in crisi, è l'economia di sussistenza basata soprattutto sul lavoro femminile che ne subisce le spese. In molti casi, i governi decidono di alleviare i deficit del bilancio apportando tagli sostanziosi ai fondi destinati alle spese sociali e allo sviluppo economico. In questo modo, gli stipendi effettivi diminuiscono notevolmente. I programmi di aggiustamento strutturale e austerità prevedono una riduzione della spesa pubblica che colpisce soprattutto i poveri e le donne.

L'ideologia liberista occulta l'importanza del lavoro femminile e dell'economia della natura

Sostituendo la metafora del mercato a quella della casa, il liberismo globale altera anche il significato del concetto di "valore". Soltanto ciò che può essere definito in termini di scambio di merci acquista un valore, mentre tutto ciò che esula dalla sfera del mercato risulta privo di valore economico. La riduzione del concetto di valore a prezzo, alla quantità di denaro ricavabile dalla vendita sul mercato, fa sì che anche l'economia della natura sembri priva di valore, quando invece la sua importanza è incommensurabile. Lo stesso accade per il lavoro femminile, che viene marginalizzato al pari di quello della natura perché la casa appare come un luogo in cui si svolgono attività prive di valore economico.

Con l'istituzione del Wto, costituitosi il primo gennaio 1995 in seguito al ciclo negoziale dell'Uruguay che allarga i confini del commercio e il potere del Gatt, ogni questione di carattere interno, nazionale e locale viene affrontata in termini di economia globale. Ogni istanza connessa alla vita – problematiche di natura etica, valori, ecologia, alimentazione, cultura, conoscenze e democrazia – si trasforma inoltre in oggetto di commercio internazionale negoziabile a livello globale.

Accade così che anche le prospettive di vita delle donne che popolano i villaggi più remoti del Sud del mondo entrino in collisione con le strategie di potere degli uomini che controllano queste istituzioni patriarcali globali.

La sfida di una visione alternativa

Gli studi dedicati alla condizione femminile dovrebbero tenere conto degli effetti delle globalizzazione apportando due modifiche sostanziali alla loro impostazione di fondo. In primo luogo, poiché la globalizzazione si manifesta soprattutto attraverso la rimozione delle barriere nazionali al commercio e all'investimento, anche l'analisi della condizione femminile non può limitarsi a prendere in esame la situazione di un dato paese o di una specifica cultura, ma deve tenere conto dell'interazione che avviene a livello globale.

In secondo luogo, se vogliamo ottenere dei cambiamenti, dobbiamo evitare di concentrarci soltanto sulla fase finale di un processo che vittimizza le donne. Invece di limitare l'analisi alla condizione femminile, occorre introdurre un approccio strutturale e operativo che prenda in esame anche le forze che condizionano la società. Le decisioni delle grandi imprese, delle istituzioni e dei gruppi di potere economico che controllano il mercato globale contribuiscono a perpetrare il ruolo di subordinazione delle donne rispetto agli uomini, così come privilegiano i ricchi rispetto ai poveri e i paesi industrializzati rispetto a quelli del Sud del mondo.

Non a caso, tali istituzioni e organismi internazionali sono concepiti, dominati e controllati da uomini di razza bianca, che provengono in prevalenza dai paesi ricchi del G7 e che si avvalgono di queste strutture per imporre concezioni e vedute condizionate da connotazioni di razza, genere e classe sociale.

Un'analisi dell'impatto della globalizzazione sull'universo maschile e femminile non può pertanto limitarsi a considerare la condizione delle donne. Occorre invece evidenziare i presupposti patriarcali dei paradigmi, dei modelli, dei processi, delle politiche e dei progetti introdotti dalle istituzioni globali, e denunciare l'esclusione degli interessi, delle priorità e della sensibilità delle donne dai processi di definizione dell'economia, dei problemi economici e delle soluzioni da prendere.

La convergenza di fondamentalismi e ordinamenti patriarcali

Il capitalismo e il conservatorismo religioso derivano entrambi da una cultura patriarcale. Tradizionalmente, il capitalismo patriarcale viene concepito come una forza progressista, portatrice di modernizzazione e progresso, in contrasto con il conservatorismo della religione patriarcale. Pertanto si è portati a credere che l'affermazione del capitalismo globale vada a erodere il potere del patriarcato religioso, con un effetto liberatorio per la condizione femminile. In realtà, la nostra epoca non è caratterizzata da uno scontro, ma da una convergenza tra patriarcato economico e religioso, dalla compresenza di un fondamentalismo neoliberista e di un fondamentalismo religioso.

I movimenti religiosi si oppongono spesso agli interessi di mercato, ma la convergenza avviene a un livello più profondo. Il mercato si afferma infatti manifestando un analogo atteggiamento fondamentalista, la stessa fede in un'unica religione dominante, che è data appunto dalla logica del profitto.

Un altro aspetto che accomuna il neoliberismo economico e il fondamentalismo religioso è che entrambi questi orientamenti deprivano le donne della loro dignità di esseri umani, riducendole al ruolo di oggetti sessuali o di macchine per la riproduzione soggiogate al controllo maschile – attraverso il mercato o invocando l'autorità dei testi sacri.

Il fondamentalismo economico produce precarietà e disagio sociale, condizioni che favoriscono l'ascesa del fondamentalismo religioso come fonte di valori e identità sicure. Anche le ideologie di destra si affermano in maniera direttamente proporzionale alla crescita dell'insicurezza prodotta dal predominio della logica di mercato.

La globalizzazione erode il controllo democratico dei processi economici, creando un vuoto di potere che paralizza di fatto le istituzioni democratiche. Questo vuoto viene riempito da ideologie xenofobe e fondamentaliste che non riflettono i bisogni reali dei cittadini, ma offrono un'illusione di sicurezza.

Le religioni che predicano un atteggiamento inclusivo, relazionale e ispirato ai processi vitali della natura possono offrire un sistema di valori alternativo agli eccessi del mercato. Al contrario, il fondamentalismo religioso concorre di fatto a perpetrare il circolo vizioso di esclusione e violenza.

La globalizzazione acuisce lo scontro tra una cultura femminile incentrata su concezioni del mondo, conoscenze e sistemi produttivi volti a tutelare il sostentamento e la condivisione e una concezione patriarcale del sapere e dell'economia che si esprime con atti di violenza e di guerra. Poiché la divisione del lavoro affida loro il compito di garantire l'economia di sussistenza, le donne sono in grado di generare, sostenere e riprodurre la vita. Al contrario, le istituzioni del patriarcato globale seminano morte e distruzione nel tentativo di impadronirsi della vita per trasformarla in merce. Si tratta di un conflitto antico, che tuttavia si esplica attraverso progetti e strategie nuove. La bramosia di potere e possesso delle culture patriarcali esiste da tempi immemorabili, ma assume oggi una nuova fisionomia. Anche l'impegno ecologista e femminista per la difesa della vita si rinnova, per far fronte a un'economia globalizzata. E l'esito finale di questo nuovo conflitto riguarda la sopravvivenza stessa del genere umano.

Una logica di mercato che autorizza le grandi imprese a speculare sull'acqua e sul cibo non può che provocare la distruzione delle economie e dei sistemi di sapere femminili. Le donne tendono dunque a essere estromesse e marginalizzate, e con la loro marginalizzazione aumentano anche gli atti di violenza perpetrati nei loro confronti.

Il capitalismo e le religioni patriarcali condividono una visione del mondo improntata sul controllo maschile di un potere economico o religioso che viene imposto agli altri esseri umani e alle altre specie; sulla denigrazione delle donne, delle classi sociali più povere e degli altri esseri viventi; e su una totale mancanza di sintonia con la terra, con le culture e con le economie che apportano la vita.

Una terribile minaccia alla sopravvivenza delle donne: il feticidio

I sostenitori della globalizzazione economica la descrivono come un processo di modernizzazione che migliora anche le condizioni di vita delle donne. Al contrario, la situazione attuale rivela un'alleanza tra i valori patriarcali del mercato e la misoginia del conservatorismo religioso che non determina soltanto la marginalizzazione delle donne, ma mette in pericolo la loro stessa sopravvivenza. Il problema della soppressione dei feti di sesso femminile che si ripropone oggi in India con proporzioni allarmanti dimostra come il capitalismo patriarcale possa far rivivere le tradizioni religiose più ostili alle donne, generando nuovi atti di violenza. Questa forma di regressione culturale non è infatti casuale, ma dettata da motivazioni economiche.

Il feticidio è iniziato proprio nella regione del Punjab dove ebbe inizio la Rivoluzione verde.[20] Questa zona è stata anche la prima a trasformare l'amniocentesi in una causa indiretta di aborto dei feti femminili. Con la diffusione dell'amniocentesi e degli ultrasuoni, le famiglie hanno avuto modo di scoprire in anticipo il sesso del nascituro e hanno incominciato a sviluppare la pratica degli aborti selettivi. Tra il 1978 e il 1983, 78.000 gravidanze di feti femminili sono state interrotte in seguito alla determinazione del sesso dei nascituri. Il declino della presenza di bambine da zero a sei anni, qui calcolato in rapporto a mille bambini di sesso maschile della stessa fascia di età, evidenzia le dimensioni del problema. Notiamo infatti un calo della presenza di bambine, da 976 su mille maschi nel 1961 a 927 nel 2001. Tale declino si accentua dopo il 1981, da quando cioè i nuovi esami che rivelano il sesso del nascituro sono diventati facilmente accessibili.

Proporzione maschi/femmine, bambini, 1961-2001

Anno	*Età 0-6, numero di bambine per 1000 maschi*	*Variazione*
1961	976	-
1971	964	-12
1981	962	-2
1991	945	-17
2001	927	-18

Con l'impatto della globalizzazione, l'atteggiamento discriminatorio delle culture tradizionali si trasforma in un vero e proprio tentativo di eliminare le bambine. Se la vita umana viene ridotta al ruolo di merce, lo scarso valore attribuito alle donne basta a giustificare il loro sterminio. Ecco allora che la convergenza tra patriarcato capitalista e rurale viene a costituire una minaccia per la sopravvivenza stessa del sesso femminile.

Tra il 1991 e il 2001 la popolazione indiana è cresciuta del 21 per cento, superando la soglia del miliardo di abitanti. In contrasto con tale tendenza, le bambine continuano a diminuire. I dati sulla percentuale di bambini di sesso maschile e femminile uniti a quelli relativi alla crescita demografica rivelano che in India ci sono oggi trentasei milioni di donne in meno rispetto a quelle che ci dovrebbero essere. A livello mondiale, la cifra raddoppia: sessanta milioni di donne "scomparse", donne cui è stato negato il diritto di nascere applicando l'aborto selettivo.[21]

In India la globalizzazione riduce i posti di lavoro e le risorse economiche degli individui, ma al tempo stesso induce al consumismo. Anche l'estorsione di una dote può diventare un modo per soddisfare i bisogni indotti della popolazione. In origine, la dote costituiva il "prezzo" che i genitori dello sposo dovevano pagare a quelli della sposa, per compensarli di aver ceduto la figlia. In questo modo veniva riconosciuto anche il valore produttivo della giovane donna, il suo contributo al sostentamento del nucleo familiare. La sposa riceveva anche una parte di dote detta *stree-dhan* – patrimonio femminile – che rimaneva a sua disposizione. Oggi invece la dote viene estorta alla famiglia della sposa, in base al pregiudizio infamante che la giovane donna accolta in casa costituisca soltanto un fardello economico, e viene utilizzata per l'acquisto di elettrodomestici, automobili e altri beni di consumo. Non a caso, questa diversa concezione della dote si è diffusa contemporaneamente all'avvento del consumismo.

Negli ultimi decenni, il fenomeno dell'estorsione della dote ha provocato anche l'assassinio di molte donne. La famiglia dello sposo esige sempre più denaro, e quando le sue richieste non possono più essere esaudite si spinge fino a uccidere la giovane moglie. Ogni anno, in India si registrano più di cinquemila casi di "morte per dote".[22] La scelta di sopprimere i feti di sesso femminile si spiega anche come reazione delle famiglie di fronte alle prospettive di vita sempre più difficili delle figlie, costrette a far fronte alla difficoltà di trovare un lavoro e all'incubo di accumulare una dote.

Con il diffondersi del fenomeno dell'estorsione della dote in tutto il paese e tra tutte le classi sociali, si registra anche un aumento degli aborti selettivi. Attualmente, l'84 per cento dei ginecologi di Bombay effettua l'amniocentesi considerandola come "un atto di umanità nei confronti di quelle donne che non desiderano avere altre bambine".[23] Un'indagine ha rivelato che tra questi, il 64 per cento "pratica l'amniocentesi al solo scopo di determinare il sesso del nascituro".[24] Il costo dell'esame e dell'interruzione di gravidanza è comunque inferiore alle migliaia di rupie necessarie per garantire una dote alla figlia. In un mondo sempre più asservito al patriarcato capitalista, il denaro è l'unico strumento per misurare il valore di ogni cosa e di ogni essere vivente, incluse le donne.

Nonostante il Pre-Natal Diagnostic Techniques (Regulation and Prevention of Misure) Act, una legge approvata nel 1994 che proibisce di diagnosticare il sesso del nascituro per effettuare aborti selettivi, i supporti tecnologici della medicina moderna si prestano sempre più spesso a facilitare questo genocidio femminile:

> L'aborto si è trasformato in una pratica suicida per liberarsi delle gravidanze non volute. Oltre alla soppressione dei feti di sesso femminile, si nota anche una tendenza delle donne ad abortire ripetutamente, manifestando così una scarsa conoscenza del loro corpo e l'incapacità di esercitare il diritto a una sessualità sicura. Di male in peggio, gli aborti selettivi sono in aumento soprattutto nelle regioni relativamente più ricche dell'India nordoccidentale, dove maggiore è la discriminazione sessuale e il desiderio di avere figli maschi.[25]

Vibhuti Patel, professore all'università delle donne di Mumbai, così commenta una pubblicità che incoraggia il ricorso all'amniocentesi per selezionare il sesso del nascituro:

> "Meglio cinquemila rupie oggi che cinquecentomila domani," ovvero meglio spenderne cinquemila per un feticidio piuttosto che cinquecentomila per la dote di una figlia adulta. Seguendo questa logica, converrebbe uccidere tutti i poveri del mondo per risparmiare loro una vita di miserie e deprivazioni. Si presuppone anche che flagelli sociali quali l'estorsione della dote siano voluti da Dio e ineluttabili. Non si può fare altro che colpire ulteriormente la vittima. Eppure, investire nell'istruzione e nella salute della figlia aiutandola a diventare indipendente costituisce un'alternativa realistica e molto più umana, rispetto alla brutalizzazione di una donna incinta e della creatura che si porta in seno.[26]

Nelle zone rurali del Punjab, la diffusione dell'agrochimica e dell'agroindustria ha cancellato le prospettive di occupazione femminile. Il lavoro delle donne riveste ancora un ruolo significativo in quelle parti dell'India che non sono state convertite all'agricoltura industriale, ma nei campi agricoli del Punjab si vedono soltanto uomini che guidano trattori e spargono prodotti chimici. L'eliminazione delle donne dai ruoli produttivi del settore agricolo è il primo anello di una catena di violenza che conduce al feticidio. Ancora una volta, l'apporto di nuove tecnologie non migliora la condizione femminile, ma si traduce in una sentenza di morte.

Il fenomeno della soppressione di feti di sesso femminile non dipende soltanto dai pregiudizi della tradizione. Se così fosse, il feticidio dovrebbe verificarsi unicamente in quelle zone in cui la discriminazione contro le donne era più alta in passato, e i cambiamenti socioeconomici che erodono le strutture tradizionali dovrebbero provocarne l'estinzione. Al contrario, questa piaga sociale si sta diffondendo in tutta l'India. Le regioni che registrano un tasso di crescita economica più alto, una "modernizzazione" più rapida e un maggiore inserimento sul mercato globale sono anche quelle dove più si manifesta il fenomeno dei feticidi, con conseguente diminuzione della percentuale di bambine presenti sul territorio. Come rileva Kamalesh, un'attivista della regione di Haranya, la situazione non è mai stata così grave: "Prima almeno questa decisione suscitava dei sensi di colpa. Adesso invece è una scelta come un'altra".[27] Il numero di bambine scomparse cresce in proporzione con l'incremento dello sviluppo economico e del benessere. Nelle regioni del Punjab, di Haranya, Delhi e Gujarat – il cosiddetto "nordovest prosperoso" – si è giunti a una presenza di novecento bambine su mille maschi. Una cifra che cala a 770 a Kurukshetra, 814 a Ahmedadab e 845 nella zona sudoccidentale di Dehli.[28] Al contrario in stati come il Kerala, Goa, Sikkim, Mizoram e Tripura, che registrano una crescita economica più lenta e un minore inserimento nel mercato globale, non si assiste al declino della presenza di bambine.

Secondo un'indagine condotta dal ministero indiano della Sanità e della Famiglia, "Bambine scomparse: il caso di Delhi":

> Il censimento del 1991 rivela la scomparsa di più di settantunomila neonate e bambine di età inferiore ai sei anni. Quello del 2001 denuncia una vera e propria decimazione dei feti di sesso femminile e delle bambine di Delhi. Attualmente si registra un calo di 139.173

bambine di età compresa tra zero e sei anni. La città ricorre a qualsiasi pratica contraccettiva e abortiva pur di impedirne la nascita. I primi segnali d'allarme erano percepibili già nel 1991, ma il censimento del 2001 suona come un rintocco funebre per la parte femminile della nostra popolazione.[29]

Delhi, la regione capitale dell'India, vanta il tasso di alfabetizzazione più alto, il miglior reddito individuale, ma anche il maggior numero di casi di violenza contro le donne. Dal 1991 al 2000 l'alfabetizzazione è cresciuta dal 75 all'82 per cento, quella femminile dal 67 al 75 per cento. Ma con l'aumento delle prospettive di lavoro si moltiplicano anche i pericoli. La violenza contro le donne aumenta infatti di pari passo con la globalizzazione. Delle ventitré megalopoli dell'India, Dehli è quella che registra la percentuale più alta di stupri (32,9 per cento), molestie (23,3 per cento) e morti per dote (17,4 per cento).[30]

Molte forze convergono per privare le donne perfino del diritto alla vita. La loro rimozione dai ruoli produttivi, l'affossamento delle economie di sussistenza e l'avvento di una cultura basata sul consumismo e sulla mercificazione concorrono a svalutare la loro identità sociale. Anche le nuove tecnologie che consentono di accertare il sesso del nascituro e l'aumento dei redditi, che rende questi esami più accessibili, contribuiscono a rafforzare i pregiudizi patriarcali anziché a indebolirli. La selezione sessuale tramite aborto del feto di sesso femminile costituisce l'arma finale per l'eliminazione delle donne.[31]

Le donne, custodi e promotrici di una cultura che valorizza la vita

Se il patriarcato capitalista e religioso e i fondamentalismi religiosi e di mercato concorrono a mettere in pericolo la sopravvivenza delle donne e della vita stessa sulla Terra, le donne reagiscono a questa aggressione e difendono la vita attraverso un approccio compassionevole e non violento.

La globalizzazione altera il significato del concetto di creazione. Vi sono multinazionali come Monsanto che, con veri e propri atti di pirateria, brevettano le antiche varietà di frumento indiano e pretendono di averle "create" o "inventate". Altre multinazionali, come Suez, Vivendi e Coca-Cola, considerano l'acqua dei fiumi e delle sorgenti sotterranee come "materia prima" e la imbottigliano per poterla vendere come prodotto di loro proprietà. Il patriarcato capitalista riduce dunque le creazioni della natura al ruolo di materie prime e definisce i suoi interventi di dominio, devastazione e sfruttamento come atti di creazione. In campo scientifico e tecnologico, questa deformazione patriarcale del concetto di creazione ha legittimato i brevetti sulla vita e normative quali gli accordi TRIPS del Wto. Da un punto di vista economico, i valori patriarcali hanno invece devastato le aziende agricole familiari, le economie locali e interi ecosistemi. Tale devastazione viene celebrata come una "crescita". Si elimina insomma, con il pretesto di liberare.

La guerra in Iraq ha distrutto un intero paese, ma viene propagandata come un atto di ricostruzione. Migliaia di vittime innocenti, una civiltà secolare rasa al suolo, eppure Jay Garner – il generale americano in pensione che gli Stati Uniti hanno unilateralmente incaricato di dirigere l'Ufficio per la ricostruzione e l'assistenza umanitaria – parla di nascita di un nuovo sistema sociale in Iraq.

Le bombe non faranno mai "nascere" una società, possono soltanto distruggere la vita. Non si possono creare dei nuovi sistemi sociali annientando il patrimonio storico e culturale delle civiltà antiche. Eppure, le macerie dell'Iraq vengono sbandierate per dare l'illusione di una nuova società che rinasce dal nulla.

Forse il governo degli Stati Uniti non percepisce queste violazioni perché il suo paese si è costituito sul genocidio dei nativi americani. Sembra che chi detiene il comando dell'unica superpotenza mondiale consideri l'annientamento dell'altro come un atto naturale. Forse la rappresentazione dell'assalto deliberato a una civiltà e alla vita di migliaia di innocenti come atto di creazione e nascita appartiene all'ideologia perversa del patriarcato occidentale. Tale ideologia confonde la distruzione con la creazione e l'annientamento con la nascita. Il capitale e le macchine, incluse quelle belliche, si trasformano allora in strumenti di vita, mentre la natura e le società umane, soprattutto quelle non occidentali, vengono percepite come morte, passive e inerti, oppure come pericolose e selvagge. È la visione del mondo imperialista che si esprime attraverso l'immagine del "fardello dell'uomo bianco", che dovrebbe avere il compito di "liberare" i popoli e la natura.

Le religioni che riconoscono l'integrità della creazione e il valore della vita possono opporre resistenza a tale orientamento distruttivo. Per questo il potere patriarcale fomenta il fondamentalismo religioso per legittimare il proprio fondamentalismo di mercato, mentre le donne promuovono culture, economie e politiche incentrate sulla difesa della vita. Non a caso, i movimenti per la tutela dei diritti al cibo sono guidati da donne. Le donne si sottraggono oggi al tentativo di marginalizzarle, e si impongono come custodi della vita e del futuro.

In agricoltura, le donne selezionano e conservano i semi da migliaia di anni. Il riso basmati è soltanto una delle centomila varietà ottenute dai contadini indiani. La cultura del seme si fonda sui principi della diversificazione e della longevità perenne. All'inizio della stagione, i contadini delle zone centrali dell'India si radunano di fronte alla divinità del villaggio, le offrono le loro varietà di riso e si dividono i semi. Il rito annuale di Atki è una solenne riconferma dell'impegno a custodire e condividere i semi da parte delle comunità rurali. Sancisce quindi un patto di solidarietà e cooperazione reciproca tra i contadini e con la terra.

La discriminazione sessuale, l'esclusione e l'eliminazione delle donne deriva da sistemi patriarcali di natura politica, economica e religiosa. Questi sistemi di morte si affermano proprio negando e l'importanza della vita e dei processi vitali. Un orientamento democratico presuppone invece di affermare la piena umanità delle donne, la loro spiritualità, il loro ruolo produttivo e creativo, l'importanza del loro contributo come soggetti attivi in campo politico e culturale. Occorre valorizzare ogni aspetto della personalità femminile e adoperarlo come un antidoto a questo circolo vizioso di violenza che confonde l'umanità dell'uomo con la sua inumanità, che elegge l'avidità a principio costitutivo dell'economia, e che considera il genocidio e il suicidio come espressioni di zelo religioso. L'ideologia dei fondamentalismi religiosi e di mercato si fonda su una contrapposizione tra le diverse identità. La filosofia indiana definisce la soggettività in termini di *so-hum*: "Tu esisti, pertanto io sono". Al contrario, il fondamentalismo afferma che "se esisti tu, non posso esistere io"; "la mia esistenza richiede il tuo annientamento". Così Samuel Huntington ricorre a questo paradigma di esclusione e annientamento reciproco per spiegare i conflitti tra popoli: "Per quei popoli che cercano di definire la loro identità e le loro caratteristiche etniche, i nemici sono indispensabili".[32]

Le donne rifiutano di prender parte a una cultura fondata sull'odio e sulla violenza. Le loro scelte di vita dimostrano che l'amore, l'empatia, la solidarietà e la condivisione non sono soltanto delle qualità umane *possibili*, ma attributi necessari per definire la nostra umanità.

L'ideologia patriarcale attribuisce al comportamento umano delle caratteristiche che sono invece disumane e distruttive, come la violenza e la tendenza allo sfruttamento e all'appropriazione. Al contrario, le donne ridefiniscono il comportamento umano come capacità di prendersi cura e condividere, amare e proteggere, essere custodi e non possessori dei doni della natura e trarre forza e sicurezza dalla diversità, anziché da una monocultura oppressiva. Ciò che il patriarcato rifiuta come debolezza costituisce in realtà una fonte di energia, mentre la cosiddetta superiorità del patriarcato, perpetrata attraverso l'oppressione e la violenza, si fonda sull'insicurezza che deriva dalla separazione e dall'alienazione, dalla paura dell'altro come soggetto libero e sovrano. I nostri tempi sono testimoni di eventi che tradiscono una violenza efferata, ma anche di una riaffermazione della non violenza e di un rinnovato coraggio nel difendere la vita in ogni sua forma, a cominciare proprio dalle nostre esistenze.

Nel 1997 decisi di fondare, insieme a Jean Grosshltz dell'Università di Mt. Holyoke, a Christine Von Weisacker, tedesca, e a Beth Burrows dell'Edmonds Institute il movimento Diverse Women for Diversity, che rivendica il diritto di tutti gli esseri viventi a poter disporre del loro futuro. Questa è la nostra dichiarazione:

> Noi donne, in tutta la nostra vibrante ed estrosa molteplicità, assistiamo al crescente tentativo di aggredire lo spirito, il corpo e la mente umana e a un assalto continuo nei confronti della Terra e delle specie diverse che la popolano.
> Chiediamo ai governi, alle organizzazioni internazionali, alle grandi imprese globali e ai singoli individui che condividono la nostra indignazione di affrontare la crisi che è scaturita dalla creazione delle monoculture e dalla riduzione, dall'esproprio e dall'estinzione della diversità biologica e culturale.
> Insistiamo inoltre perché chi intende reagire a questa crisi ascolti il parere e si affidi alla guida delle donne, delle popolazioni indigene, dei contadini e di tutti coloro i quali hanno sollevato la questione a livello locale. Chiediamo che si tenga conto della saggezza, della competenza, della dedizione e dell'impegno di chi si è già prodigato per conservare la diversità che oggi possiamo celebrare.

L'attuale processo di globalizzazione si definisce, nei suoi significati e nelle sue modalità dominanti, come una forma di globalizzazione economica e neoliberista improntata ai valori del capitalismo patriarcale che mercifica ogni aspetto della realtà. L'unico valore riconosciuto è il prezzo determinato dal mercato globale, mentre ogni altro criterio di valutazione viene respinto e vietato come forma protezionistica di barriera commerciale, "con o senza tariffe". I valori che non dipendono dal commercio, ma che riguardano la vita e la cultura dei popoli, vengono disattesi. Al tempo stesso però, la globalizzazione può assumere un significato opposto e renderci più consapevoli della nostra comune identità di cittadini del mondo, rafforzando il sentimento di amore universale che ispira quelle culture fondate sulla compassione e sulla solidarietà. Questo è l'approccio alternativo alla globalità che descrivo come "democrazia della Terra".

Come scrivono Walt Martin e Magde Ott nella loro biografia di Albert Schweitzer:

> Unità nella diversità, diversificazione nell'unità, questa è la condizione naturale di tutte le forme di vita. Le piante, gli animali e il genere umano sono interdipendenti e questo delicato intreccio di rapporti è fondamentale per la loro sopravvivenza. L'interdipendenza naturale del genere umano non va confusa con la "globalizzazione" artificiale che viene imposta da una minoranza. Essa scaturisce dalla collettività, traendo origine dal sentimento profondo del significato universale della vita, si sviluppa organicamente e svolge un ruolo primario nelle nostre esistenze. Vogliamo vivere e, come riassume sinteticamente Schweitzer, "vivere insieme ad altri esseri viventi che vogliono vivere".[33]

L'irrefrenabile desiderio di vivere e celebrare la vita in tutta la sua diversità è il presupposto necessario per la creazione di ogni cultura che valorizzi la vita. Le culture che alimentano la vita non seminano morte e devastazione, incertezza e paura. Le culture di vita traggono origine dalla rete di rapporti che ci unisce a tutti gli esseri viventi.

Il capitalismo globale e il fondamentalismo impoveriscono e distorcono la nostra identità. La nostra adesione a una cultura che valorizza la vita deve fondarsi sulla consapevolezza di un'identità universale, espressione della nostra appartenenza all'universo intero, e di un'identità terrena che è globale, planetaria, connessa alla nostra condizione di cittadini della Terra, ma anche nazionale e locale, radicata ai paesi e ai luoghi specifici di appartenenza. La nostra identità è unica e diversificata al tempo stesso. Universale, ma anche variegata dalle diverse culture delle comunità in cui viviamo, dalle diverse abitudini alimentari, dalle lingue, dai costumi e dalle pratiche di vita. Tali diversità non sono inconciliabili con la nostra comune umanità. Al contrario, il genere umano non potrebbe esistere senza di loro.

Le culture che valorizzano la vita rispettano ogni essere vivente – gli uomini e le donne, i ricchi e i poveri, i bianchi e i neri, i cristiani e i musulmani, gli esseri umani e le altre specie.

Il rispetto per la vita si fonda su un sentimento di compassione e attenzione nei confronti dell'altro, sul riconoscimento dell'autonomia e della sovranità dell'altro e sulla consapevolezza che il nostro sostentamento, la pace e la felicità dipendono dalla rete di connessioni reciproche che ci unisce.

Le manifestazioni per la pace del 15 febbraio 2003 hanno mobilitato milioni di persone in tutto il mondo. Milioni di persone che hanno scelto la pace, non l'intervento bellico a scopo di dominio, come unico strumento in grado di garantire la sicurezza e la libertà del genere umano.

Per le culture che valorizzano la vita, la libertà si configura in base a una rete di connessioni e dipendenze reciproche. La Dichiarazione di interdipendenza promulgata dal gruppo Democracy Collaborative evidenzia bene l'orientamento del movimento pacifista emergente, che rivendica al tempo stesso la nostra diversità e la nostra comune appartenenza al genere umano.

Dichiarazione di interdipendenza

> Noi cittadini del mondo dichiariamo la nostra interdipendenza come singoli individui e come membri di specifiche comunità e nazioni. Ci professiamo cittadini del nostro CivMondo, un mondo civico, civile e civilizzato. Senza pregiudicare gli interessi delle nostre identità nazionali e regionali, riconosciamo le nostre responsabilità nei confronti degli interessi e della libertà del genere umano nel suo insieme.
> Ci impegniamo pertanto a perseguire, direttamente o attraverso le comunità e le nazioni di cui siamo membri, i seguenti obiettivi:
>
> – garantire giustizia e uguaglianza per tutti attraverso un riconoscimento esplicito dei diritti umani di ogni individuo che popola questo pianeta, in modo tale da consentire ai più poveri e ai più deboli di fruire delle stesse libertà accordate ai ricchi e ai potenti;
> – ricostituire un ambiente globale sicuro e sostenibile per tutti – come condizione necessaria per la sopravvivenza umana – ripar-

tendo i costi in base all'attuale distribuzione della ricchezza mondiale;
- riservare ai bambini, che rappresentano il nostro comune futuro, un'attenzione e una protezione prioritaria nella distribuzione dei beni comuni, soprattutto per quanto riguarda l'istruzione e la sanità;
- istituire delle forme democratiche di governo globale che siano civili e legali, con le quali intendiamo tutelare i nostri diritti e realizzare i nostri progetti;
- promuovere delle politiche e delle istituzioni democratiche che esprimano e proteggano la nostra unità di esseri umani.
- E al tempo stesso coltivare degli spazi di libertà in cui le nostre specifiche identità religiose, etniche e culturali possano svilupparsi e in cui le nostre diverse, ma egualmente degne, esistenze possano essere vissute con dignità, senza incorrere nella minaccia di egemonie politiche, economiche e culturali di qualsiasi tipo.[34]

4.
Conquiste del movimento democratico globale

In quanto cittadina della Terra, ho dedicato trent'anni della mia vita a proteggere questa grande famiglia attraverso un progetto di democratizzazione della comunità terrena. Ho cercato di coniugare le mie ricerche con un impegno concreto, e di sviluppare interventi rivolti alle realtà locali riconducendoli al progetto operativo globale. Grazie alla sua capacità di trascendere le divisioni, il movimento democratico di cui faccio parte sta operando dei cambiamenti che pongono le basi per l'avvento di un'era postliberista. Ho scelto di concentrare le mie energie su quei settori in cui un intervento democratico diventa fondamentale per la sopravvivenza del pianeta e del genere umano. Ecco perché mi batto per la difesa dell'acqua, delle sementi e del cibo come beni comuni e risorse prioritarie. Realizzare una democrazia della Terra significa rivendicare la libertà e i diritti di tutti i popoli e di tutti gli esseri viventi. Il nostro impegno quotidiano in progetti anche piccoli e concreti produce delle economie, delle culture e delle democrazie a favore della vita. La nostra forza risiede nella diversità, nelle alleanze, nel nostro impegno tenace e nella capacità di creare nuove forme di cooperazione. I nostri strumenti operativi sono il sostegno e la solidarietà, mentre il nostro obiettivo finale è garantire la sopravvivenza ecologica del pianeta e l'affermazione di giustizia, dignità e libertà per tutti gli esseri umani. Il mondo che intendiamo salvare si trova sull'orlo di un baratro. Per questo il nostro intervento non può essere arrogante e sicuro, ma umile e consapevole delle difficoltà. È il contributo che conta, a prescindere dal risultato finale. Ma il nostro impegno disinteressato provoca comunque dei cambiamenti, perché anche la più piccola azione contribuisce a ridisegnare il complesso intreccio di correlazioni dei processi vitali.

Bija swaraj: per una democrazia che tuteli tutte le forme di vita

L'8 marzo 2005 abbiamo festeggiato la giornata mondiale della donna riportando una vittoria importante in una causa di biopirateria che ci è costata dieci anni di battaglie legali presso l'Ufficio europeo brevetti. W.R. Grace e il dipartimento dell'Agricoltura degli Stati Uniti sostenevano di avere "inventato" l'utilizzazione dell'albero del neem (*Azadirichta indica*) per prevenire l'infestazione di parassiti e la diffusione delle malattie delle piante. Sulla base di questa loro dichiarazione, l'Ufficio europeo brevetti aveva accordato loro la licenza numero 436257.

In realtà il neem, il cui nome di origine persiana è *azad darakht* e significa "albero libero", viene utilizzato in India come medicina e pesticida naturale da oltre duemila anni. Nel 1984, in seguito alla strage provocata dall'esplosione della fabbrica di pesticidi della Union Carbide a Bhopal, lanciai una campagna con lo slogan "Coltiva il neem, per evitare altre Bhopal". Dieci anni dopo scoprimmo che W.R. Grace si dichiarava "inventore" dell'utilizzazione del neem, e che l'albero libero non era più liberamente accessibile a tutti. Organizzammo allora una protesta contro la biopirateria del neem cui aderirono più di centomila persone. Ci sono voluti altri dieci anni, ma alla fine abbiamo vinto – l'Ufficio europeo ha revocato il brevetto.

Il nostro successo contro il tentativo del governo degli Stati Uniti e dell'agroindustria americana di appropriarsi della biodiversità e del patrimonio di saperi tradizionali è dipeso dalla nostra capacità di coniugare la ricerca con l'azione concreta e di mobilitare dei movimenti di protesta a livello locale. Insieme a due donne che appartengono al movimento democratico di solidarietà globale – Magda Aelvoet, ex presidente dei Verdi al Parlamento europeo, Linda Bullard, presidente della Federazione internazionale dei movimenti per l'agricoltura organica (Ifoam) – seguii la causa per oltre dieci anni senza mai perdere la speranza. Il nostro avvocato, Dolder, professore di diritto della proprietà intellettuale all'Università di Basel, diede il meglio di sé senza applicare le normali richieste dei legali esperti in materia di brevetti.

La battaglia per il controllo del neem pone l'accento sugli effetti di una delle normative più perniciose prodotte dalla globalizzazione: l'accordo TRIPs, siglato dal Wto, sugli aspetti dei diritti di proprietà intellettuale attinenti al commercio. Questo accordo permette alle multinazionali di brevettare qualsiasi cosa – forme di vita, semi, piante, medicine e saperi tradizionali – purché vengano soddisfatti i criteri di novità, non ovvietà e utilità. Per "novità" si intende che l'invenzione non deve fare parte del patrimonio di conoscenze già esistenti nel settore, mentre "non ovvietà" significa che gli altri esperti del settore non sarebbero in grado di produrre facilmente tale invenzione. I brevetti che si appropriano dei saperi delle culture indigene violano questi criteri, in alcuni casi con atti di esplicita e diretta pirateria, altre volte introducendo delle piccole trasformazioni che risultano ovvie a chiunque sia competente in materia. Poiché il brevetto equivale a un diritto esclusivo sull'invenzione, i brevetti sulla vita e sui saperi comuni sono doppiamente pericolosi e si fanno beffe dei derubati. Tali brevetti non riconoscono alcuna invenzione, sono soltanto un modo per impedire ai poveri di provvedere ai loro bisogni attraverso la biodiversità e le conoscenze comuni.

I brevetti sui semi non legittimano soltanto il monopolio delle sementi geneticamente modificate, ma anche la privatizzazione di varietà e qualità di semi che i contadini adoperano da millenni. Le battaglie sul riso e sul grano illustrano bene questi casi di biopirateria.

Biopirateria del riso basmati

Il subcontinente indiano è il maggiore produttore ed esportatore di una varietà di riso aromatico e superfino, il riso basmati. L'India coltiva 650.000 tonnellate di riso basmati all'anno, su una superficie che rappresenta tra il 10 e il 15 per cento del territorio nazionale coltivato a riso. Il riso indiano, basmati e di altre varietà, viene esportato in più di ottanta paesi del mondo. Nel 1996-97 l'esportazione di riso basmati ammontava a 488.700 tonnellate, con un fatturato pari a duecentottanta milioni di dollari, mentre l'esportazione di altre varietà di riso era di 1,9 milioni di tonnellate, pari a quattrocentocinquanta milioni di dollari. I principali importatori di basmati indiano sono i paesi del Medio Oriente (65 per cento), l'Europa (20 per cento) e gli Stati Uniti (10-15 per cento). Il basmati indiano è anche la qualità di riso più costosa tra quelle importate dall'Unione Europea[1]: fino a ottocentocinquanta dollari alla tonnellata, mentre il basmati pachistano ne costa settecento e il prezzo del riso Thai profumato è di cinquecento dollari alla tonnellata.

Come dimostrano gli antichi testi indiani, la poesia e il folklore popolare, la coltivazione del basmati appartiene a una tradizione secolare. Il celebre poema epico *Heer Ranijha*, che Varis Shah compose nel 1766,[2] contiene una delle prime testimonianze della sua presenza. Questa qualità di riso naturalmente profumato veniva gelosamente custodita dall'aristocrazia indiana ed era molto ambita dagli stranieri. Le sue qualità superiori sono da attribuire soprattutto al paziente lavoro dei contadini indiani: ci sono voluti secoli di osservazione, sperimentazione e selezione perché il basmati evolvesse in diverse varietà in grado di adattarsi a condizioni climatiche, tipi di cottura e sapori diversificati. Attualmente in India vi sono ben ventisette varietà di riso basmati certificate.

Il 2 settembre 1997, la società texana RiceTec ottenne il brevetto numero 5663484 sui chicchi e sui metodi di coltivazione del riso basmati. La licenza di esclusività concessa per tale "invenzione" era particolarmente ampia, perché acconsentiva a venti richieste che coprivano tutte le varietà genetiche di basmati, incluse quelle tradizionali. RiceTec veniva dunque autorizzata a riscuotere dei diritti di proprietà intellettuale sul riso prodotto dai contadini grazie al loro lavoro di selezione e alle competenze ereditate dai loro avi.

Il riso che RiceTec produce e distribuisce escogitando marchi quali Kasmati, Texmati o Jasmati possiede le stesse qualità – lunghezza del chicco, aroma, produttività del raccolto e coltivazione di piante seminane – delle tradizionali varietà indiane. Si tratta di un riso che di fatto deriva dal basmati e che pertanto non doveva essere brevettato come "originale". La battaglia legale è durata quattro anni, ma alla fine siamo riusciti a ottenere l'annullamento di quasi tutte le concessioni ottenute da RiceTec.

Biopirateria del grano indiano

Il grano svolge un ruolo fondamentale nella vita della maggior parte del popolo indiano. In molte regioni è da millenni il prodotto agricolo più coltivato. L'India è il secondo paese produttore di grano (73,5 milioni di tonnellate) dopo la Cina. Venticinque milioni di ettari di territorio sono adibiti alla sua coltivazione. Oltre a costituire l'alimento base della popolazione, il grano è anche profondamente connesso alle cerimonie e alle festività religiose. Ogni varietà tradizionale possiede un valore religioso o culturale specifico. La presenza di diverse varietà di grano, il loro impiego nelle cerimonie religiose e le loro proprietà terapeutiche e medicinali sono documentati dalle antiche scritture e dai testi classici della letteratura indiana.

Monsanto era riuscita a farsi rilasciare un brevetto dall'Ufficio europeo sostenendo di avere "inventato" un tipo di grano derivato da una varietà indiana tradizionale e dei prodotti dotati di quella consistenza particolarmente soffice che soltanto il grano indiano macinato può offrire. Monsanto affermava di aver derivato la sua scoperta da alcune varietà di grano indiano denominate Nap Hal, ma non esiste alcuna varietà tradizionale che porti questo nome. In Hindi significa "ciò che non dà frutto", un'ottima definizione per i semi sterili "terminator" di Monsanto. In realtà, Monsanto aveva raccolto le varietà in questione in una zona che confina con il Nepal, e Nap Hal è appunto una deformazione evidente di Nepal.

A febbraio del 2004, la Research Foundation e Greenpeace sollevarono una causa contro la biopirateria di Monsanto. Dopo soli sette mesi, il brevetto venne revocato. Questa vittoria non significa che il nostro lavoro sia concluso. Le multinazionali continuano a brevettare il vivente e a impadronirsi dei saperi dei popoli con veri e propri atti di pirateria, così come continuano a imporre vincoli immorali sull'utilizzazione dei semi.

Le nuove leggi sui diritti di proprietà intellettuale (Ipr) stanno creando un monopolio dei semi e del patrimonio genetico delle piante. La conservazione e lo scambio delle sementi – tra i diritti fondamentali dei contadini – si trova a essere sempre più osteggiata. Vi sono molti esempi di come le leggi sui semi introdotte in molti paesi e l'applicazione dei diritti di proprietà intellettuale impediscano ai piccoli agricoltori di produrre le proprie sementi. Si veda il caso di Josef Albrecht, un contadino tedesco dedito all'agricoltura organica, che non accontentandosi della qualità dei semi in commercio decise di sviluppare le proprie varietà ecologiche di grano. Il suo governo lo ha multato per aver venduto delle sementi prive di certificazione. Albrecht ha fatto ricorso impugnando la normativa in vigore, perché non gli consente di esercitare liberamente la sua professione di coltivatore organico.

dienza civile. Abbiamo ripetuto più volte, fin dal 1994, che la legalizzazione dei brevetti sui semi ci avrebbe costretti a disobbedire. Seguendo l'esempio di Gandhi, che marciò fino a Dandi per violare le leggi sul sale imposte dai britannici, abbiamo organizzato una *bija satyagraha*, una campagna di disobbedienza civile contro i brevetti sui semi. In tutto il paese, gli uffici distrettuali hanno ricevuto dichiarazioni di protesta e non adesione da parte dei contadini. Oltre cinque milioni di piccoli agricoltori si sono assunti l'impegno di continuare a conservare e scambiare i semi, nonostante i divieti introdotti dalla nuova normativa.

Anna swaraj: democrazia della catena alimentare

Il mercato globale dell'alimentazione controllato dalle multinazionali dell'agroindustria ha prodotto una crisi che investe diversi settori. In primo luogo, lo sfruttamento eccessivo del suolo e delle risorse idriche, l'estinzione della biodiversità e la diffusione di sostanze tossiche inquinanti derivate da pesticidi e fertilizzanti chimici dimostrano che questo modello di sviluppo non è ecologicamente sostenibile. In secondo luogo, abbiamo la crisi dei piccoli produttori e agricoltori. Infine, il paradosso di un aumento della fame nel mondo, perché un miliardo di persone vengono private del diritto di ricevere la loro parte di risorse agricole del pianeta, accompagnato da una crescita dell'obesità che colpisce un altro miliardo di vittime, con quattrocentomila decessi all'anno provocati da patologie connesse all'eccesso di peso. Si tratta dunque di una crisi che è al tempo stesso di natura ecologica, economica, culturale e politica. Tutti questi problemi sono imputabili all'industrializzazione della produzione alimentare e alla globalizzazione della distribuzione del cibo.

La razza umana condiziona l'equilibrio ecologico del pianeta da migliaia di anni, ma l'agricoltura industriale dell'ultimo cinquantennio, basata sull'impiego eccessivo di capitali, sostanze chimiche e risorse idriche, deve essere considerata come un esperimento non sostenibile. Il capitalismo globale si impone inoltre attraverso un monopolio dittatoriale che minaccia la libertà dei piccoli agricoltori e dei consumatori e che compromette i valori ecologici, economici e culturali di fondo dell'agricoltura e della produzione alimentare.

L'assalto delle multinazionali, che mira a ottenere il massimo dei profitti da ogni anello della catena alimentare – dalla semina alla coltivazione, dalla preparazione alla distribuzione del cibo – viene contrastato dai movimenti che si battono per una gestione democratica del settore dell'alimentazione e per difendere il diritto a nutrirsi e il diritto a un cibo sano e genuino. Il primo anello della catena alimentare di questi movimenti è il libero accesso alle sementi, o *bija swaraj*, democrazia dei semi. Il controllo sugli alimenti, *anna swaraj*, si sviluppa invece affrontando contemporaneamente i diritti dei produttori e dei consumatori. I movimenti nascono dalle realtà locali ma si sviluppano su scala globale, dando vita a nuove associazioni e convergenze che fanno saltare le barriere dittatoriali imposte dalle multinazionali con la complicità del Wto, della Banca mondiale e dei governi nazionali, e che recuperano degli spazi di libera autogestione del settore alimentare.

L'unico modo per affrontare la crisi nel suo insieme è riappropriarsi della catena alimentare a tutti i livelli. Possiamo così produrre una maggiore quantità di cibo riducendo l'impiego di risorse, aumentare i profitti dei contadini per garantire loro delle prospettive di vita più sicure e affrontare i problemi della fame e dell'obesità. Il futuro non è certo, ma questo almeno sappiamo, che un'agricoltura migliore di quella controllata dalle multinazionali è possibile.

Complicità dei governi e dittatura dell'industria agroalimentare

Con l'industrializzazione e la globalizzazione degli alimenti, il problema della sicurezza alimentare diventa sempre più allarmante. Su scala globale, assistiamo al diffondersi di nuove epidemie e alla mutazione di patologie che diventano più virulente. Malattie, epidemie, alimenti tossici: sono gli effetti devastanti di un processo produttivo che si avvale di risorse e strumenti altrettanto pericolosi.

Negli ultimi decenni, si sono avvicendate due generazioni di nuove tecnologie connesse alla produzione alimentare. La prima grande trasformazione comporta l'impiego di prodotti chimici in agricoltura, propagandato con il nome di Rivoluzione verde. I veleni chimici adoperati in guerra vengono riciclati in tempi di pace e distribuiti come fertilizzanti sintetici e pesticidi. L'agricoltura e la produzione alimentare si trovano così a dover dipendere da armi di distruzione di massa. La tragedia di Bhopal, dove l'esplosione di una fabbrica di pesticidi causò migliaia di morti nel 1984 e altre trentamila vittime da allora fino ai giorni nostri, è un terribile emblema di questa connessione tra produzione agricola e strumenti di sterminio.

L'ingegneria genetica ha creato dei nuovi pericoli per la sicurezza alimentare. Nel Regno Unito, più di due milioni di mucche sono state infettate dall'encefalopatia bovina spongiforme (Bse), o morbo della mucca pazza. Nell'agosto del 2002, la variante di Creutzfeld-Jakob (Vcjd) del morbo – che colpisce gli umani – aveva già provocato 133 morti. In Asia, milioni di maiali sono stati abbattuti a causa della febbre suina, una nuova mutazione del virus Nipah che ha ucciso cento contadini, mentre altri centocinquanta hanno sviluppato una forma di encefalite non letale. Anche l'influenza aviaria ha già provocato decine di morti, perché il contagio si trasmette dai polli agli umani, e l'abbattimento di milioni di volatili. L'epidemia si è diffusa in più di dieci paesi. In Vietnam e Thailandia, il numero di vittime è stato particolarmente alto. Ma i provvedimenti che dovrebbero contrastare la diffusione degli alimenti a rischio si limitano a bloccare la vendita dei prodotti locali, perché sono stati concepiti in modo tale da favorire gli interessi dei grandi produttori e del mercato globale. Si vedano per esempio gli accordi del Wto sulla tutela della salute delle persone e delle piante (Sanitary and Phito Sanitary Agreement).

Nell'agosto del 1988, il governo indiano introdusse delle norme restrittive sulla vendita degli oli commestibili che portarono al ritiro dal commercio dell'olio di senape e al divieto di vendere oli commestibili non confezionati. Queste norme, insieme al ritiro delle restrizioni sui prodotti importati imposto dal Wto, provocarono un'invasione di oli di semi di soia geneticamente modificati sui mercati indiani. L'India ha sempre adoperato gli oli di cocco, di arachidi, di semi di lino, di senape, di semi di girasole e di sesamo per scopi alimentari. Le norme restrittive che dovrebbero tutelare la nostra sicurezza alimentare sono servite soltanto a compromettere la biodiversità dei nostri semi oleosi, nonché la diversità dei nostri oli commestibili e delle nostre culture alimentari. Esse ledono anche il diritto democratico e la libertà economica di produrre olio su base locale, avvalendosi delle risorse disponibili e tenendo conto delle abitudini alimentari del luogo. Poiché i semi coltivati localmente sono particolarmente ricchi in olio, la spremitura può tra l'altro avvenire su base individuale o a livello di piccole comunità, con conseguente impiego di tecnologie ecocompatibili, decentralizzate e accessibili a tutti.

Al contrario, la produzione di olio di semi di soia è controllata in ogni sua fase dalle multinazionali. Monsanto detiene il brevetto sui semi e possiede le principali imprese del settore, mentre Cargill, Continental e altri giganti del mercato controllano i processi di spremitura e la distribuzione a livello internazionale. Poiché la quantità di olio ricavata dai semi di soia è piuttosto bassa, l'estrazione richiede inoltre l'impiego di tecnologie industriali poco salutari e nocive per l'ambiente.

L'olio di senape e tutti i semi oleosi prodotti localmente sono diventati emblemi di libertà per la natura, per i contadini indiani, per le diverse culture alimentari e per i diritti dei consumatori poveri. L'olio di semi di soia rappresenta invece l'arroganza del potere e una colonizzazione della natura, delle culture, dei contadini e dei consumatori. Grazie alla manipolazione dei prezzi degli oli e alle restrizioni sulla produzione e la vendita degli oli di semi locali, i cittadini indiani si vedono costretti a consumare olio di semi di soia e a rafforzare così ulteriormente un sistema fondato sul monopolio di una monocultura. In futuro, le leggi sui brevetti obbligheranno i contadini a pagare dei diritti per l'uso dei semi, con conseguente aggravio della loro miseria.

Il libero commercio e la globalizzazione economica vengono propagandati come portatori di una nuova libertà economica accessibile a tutti. Al contrario, come rivela il caso del ritiro dell'olio di senape e dell'importazione massiccia di olio di soia, il cosiddetto "libero mercato" compromette la libertà economica dei piccoli coltivatori, dei piccoli produttori e dei consumatori poveri. Autorizzando le importazioni di olio di soia e imponendo restrizioni alla produzione locale, il governo indiano ha dimostrato inoltre di non essere, come vorrebbe la retorica liberista, estraneo ai meccanismi del mercato, ma di svolgere un ruolo fondamentale nel passaggio da un sistema di produzione locale e su piccola scala a un sistema centralizzato e soggetto a monopolio.

In realtà, lo stato costituisce la struttura portante del libero mercato. Anziché controllare le grandi imprese, le lascia libere di agire e impone restrizioni ai piccoli produttori e alle culture locali fino a sancirne l'illegalità. Tale disparità di trattamenti nei confronti dei grandi e dei piccoli si ripropone anche nella regolamentazione della sicurezza alimentare. Il ritiro dal commercio dell'olio di senape è stato istantaneo, mentre l'invasione di un prodotto nocivo, derivato da semi di soia geneticamente modificati, è passata indisturbata. Il cibo adulterato che proviene dai giganti del mercato globale gode della protezione di molti governi, in India e negli Stati Uniti come in altri paesi del mondo.

Ecco allora che alcune piccole azioni come l'acquisto di un olio commestibile e la preparazione del cibo chiamano in causa alcune scelte economiche e politiche di estrema importanza, quali quelle tra libertà e schiavitù, democrazia e dittatura, diversità e monocultura. Il futuro dell'India è racchiuso nelle sorti del suo olio di senape e degli altri oli di semi commestibili, che potranno continuare a essere prodotti e consumati liberamente o che dovranno invece lasciare il posto alla monocultura dell'olio di soia globale, con tutti i pericoli per la salute connessi e debitamente occultati.

La moratoria dell'Unione Europea sui prodotti agricoli e alimentari geneticamente modificati (Gm) tutela il diritto alla sicurezza alimentare e costituisce un esempio emblematico di ciò che il movimento democratico è in grado di ottenere. Nel 1998, le procedure di approvazione degli Ogm furono sospese proprio per le pressioni dei cittadini. Tale provvedimento ha avuto altre conseguenze positive.

In primo luogo, sono stati presi in considerazione anche i possibili effetti dannosi delle coltivazioni Gm resistenti agli erbicidi sulla vegetazione spontanea delle campagne. Le barbabietole da zucchero e da foraggio e la colza Gm resistente agli erbicidi, che oggi sappiamo causare danni alla vegetazione spontanea circostante, non sono mai state introdotte in Europa.

Si è poi deciso di monitorare l'impatto degli Ogm sull'ambiente e sulla salute umana, nonostante i giganti dell'agroindustria ribadissero che "non c'erano prove di possibili effetti nocivi".

Le nuove leggi che prescrivono di specificare la presenza di Ogm nelle etichette dei prodotti consentono ai consumatori di scegliere se farne uso o meno.

La provenienza dei prodotti alimentari a base di Ogm deve essere dichiarata. In caso di effetti nocivi, questo permette di ritirare il prodotto dal mercato in fretta e con facilità. Dopo l'epidemia bovina, l'Unione Europea ha fondato i suoi sistemi di controllo dell'alimentazione proprio sul criterio di rintracciabilità del luogo d'origine dei prodotti.

Il 13 maggio 2003, gli Stati Uniti, il Canada e l'Argentina hanno impugnato la moratoria Ue sui prodotti agricoli e alimentari Gm, sostenendo che i loro prodotti Gm venivano sottoposti a una discriminazione sleale e che la regolamentazione dei prodotti Gm non poteva avvalersi dell'applicazione del principio di precauzione. La disputa, che è tuttora in corso, è stata sollevata anche all'interno del Wto per mettere nuovamente sotto accusa l'applicazione del principio di precauzione a cui l'Unione Europea si richiama.

In realtà, la normativa europea relativa alle importazioni si limita a rispettare gli impegni assunti per il commercio internazionale e le richieste formulate dal Protocollo di Cartagine sulla Biosicurezza. Le misure cautelative introdotte per gli Ogm sono in linea con le regole del Wto: sono chiare, trasparenti e non discriminatorie. Il Wto non ha dunque motivo di esprimersi sulla questione.

Attualmente la scelta dell'Ue viene presa a modello da molti altri paesi. Gli Stati Uniti temono altri interventi di regolamentazione degli Ogm e di prodotti alimentari o per l'allevamento Gm. In effetti, il primo gennaio 2004 la Svizzera ha introdotto una normativa di controllo degli Ogm e dei prodotti alimentari Gm che, per quanto riguarda le responsabilità e l'impatto sull'ambiente, è ancora più restrittiva di quella Ue. Tale normativa, basata sul principio di precauzione e sul principio secondo il quale "chi inquina paga", mira a proteggere la salute e la sicurezza degli esseri umani, degli animali e dell'ambiente. Essa tutela anche la biodiversità, la fertilità del suolo e la libertà di scelta dei consumatori.

Nonostante la moratoria Ue relativa agli Ogm, anche in Europa vi sono stati tentativi di monopolizzare il settore dell'alimentazione e di introdurre delle leggi che, con il pretesto di tutelare la sicurezza alimentare, vanno a colpire i piccoli produttori locali. In Italia, per esempio, il movimento Slow Food ha dovuto organizzare una campagna di protesta per convincere il governo a emendare una legge che imponeva ai piccoli produttori di conformarsi agli standard di pseudoigiene di giganti del settore quali Kraft.

Diversificare le leggi sulla sicurezza alimentare per proteggere la diversità della produzione locale indiana

I prodotti agricoli e alimentari di origine locale, coltivati organicamente e preparati con procedimenti naturali, non possono essere equiparati ai prodotti trattati con sostanze chimiche (e a maggior ragione con quelli geneticamente modificati). Sono alimenti diversi, che comportano rischi di altra natura e che vanno regolamentati e controllati con normative distinte. Per questa ragione, l'Europa ha introdotto dei criteri diversi a seconda che si tratti di prodotti organici, industriali o Gm. I criteri per la regolamentazione dei prodotti organici vengono stabiliti dalle associazioni di coltivatori biologici, mentre quelli che riguardano i prodotti Gm sono stati fissati dalla nuova normativa europea. In Europa esistono anche delle associazioni che difendono la diversità culturale dei prodotti tipici locali, di quei prodotti "unici" che un'imposizione indiscriminata degli standard richiesti alla produzione industriale farebbe scomparire. Questi cibi devono essere controllati dai produttori locali, in base ai saperi tradizionali della comunità di appartenenza, non certo dalla "scienza" industriale al servizio dei governi centrali e di giganti della produzione alimentare quali Cargill, ConAgra, Lever, Nestlé e Philip Morris, o di multinazionali dell'industria genetica come Monsanto.

Anche l'India, come l'Europa, necessita di normative diversificate e di organismi di controllo differenziati a seconda dei tipi di prodotti:

– La produzione alimentare locale, naturale e su piccola scala deve essere regolamentata con leggi specifiche e affidata al controllo delle comunità locali, dei *gramsabha* (assemblee decisionali delle comunità dei villaggi) e dei *panchayat* (consigli dei villaggi). Nelle città, i cibi potrebbero essere controllati e certificati dalle associazioni dei consumatori, dalle autorità comunali e dai *panchayat* urbani. L'unico modo per garantire una reale sicurezza dei cibi è affidare il controllo alla comunità e alla partecipazione dei singoli cittadini.
– La produzione industriale deve essere regolamentata da un'apposita normativa. Esiste già una legge, il Prevention of Food Adulteration Act, che dovrebbe essere aggiornata per prendere in considerazione anche i nuovi pericoli.
– I prodotti Gm vanno sottoposti a una legge che ne controlli le importazioni e ne assicuri l'etichettatura, la distinzione rispetto agli altri prodotti e la rintracciabilità del luogo di provenienza. Questa legge, di cui i consumatori hanno davvero bisogno, dovrebbe essere definita dal governo centrale, ma i singoli stati e le comunità locali dovrebbero avere facoltà di introdurre degli standard più severi. Qualora alcune regioni decidessero di vietare la vendita e la produzione di Ogm dovrebbero essere libere di farlo, in conformità con i principi di una democrazia decentralizzata.

Non possiamo permettere che un'unica legge sulla sicurezza alimentare applicata indiscriminatamente trasformi ogni minuscolo *dhabawala* o venditore di strada in un criminale. Una tale normativa scatenerebbe la peggiore forma di racket delle licenze e dei controlli, una sorta di fascismo del cibo gestito da una mafia burocratica al servizio dei giganti mondiali della produzione alimentare. Il nostro diritto a un'alimentazione libera e sicura, la diversità dei nostri cibi e la qualità stessa del nostro tenore di vita si troverebbero a essere irrimediabilmente compromessi. Il 99 per cento dei cibi indiani viene preparato localmente e destinato al consumo e alla vendita locali. La nostra tradizione gastronomica si basa sull'Ayurveda, non su una scienza riduzionista che considera sano anche il cibo nocivo. Il governo centrale non può costringere anche l'ultimo dei *dhaba* a munirsi di regolare permesso. Non sono questi i responsabili dell'aumento dell'obesità, del diabete, del cancro e delle malattie cardiovascolari nella nostra società. Loro si limitano a nutrire milioni di lavoratori con un sano ed economico *dal* e *roti*.

Vi sono dunque cibi e modalità di produzione differenti che necessitano di forme di controllo più specifiche e appropriate. Non possiamo confondere i prodotti organici, industriali e Ogm raggruppandoli in un'unica categoria. La preparazione di un prodotto alimentare influisce sulla sua qualità, sicurezza e proprietà nutrizionale. Il pane fatto in casa è ben diverso da quello industriale. Non possono essere considerati come "prodotti equivalenti", per riprendere la terminologia del Wto, perché differiscono anche per il loro contenuto ecologico e per il loro impatto sulla salute pubblica. Anche un pollo allevato industrialmente non ha niente a che vedere con il pollo ruspante, sia dal punto di vista della tutela delle condizioni di vita dell'animale sia da quello della qualità e della sicurezza del cibo. Il mais Gm non equivale al mais biologico. Il primo contiene dei marcatori di resistenza agli antibiotici, virus adoperati come promotori e geni che producono tossine. Ai fini della sicurezza alimentare, il mais transgenico Bt e i polli d'allevamento necessitano di procedure di controllo ben più sofisticate rispetto a quelle che dovremmo applicare al mais organico e ai polli ruspanti.

Non soltanto le leggi, ma anche gli esperti responsabili dei controlli devono cambiare in funzione dei tipi di produzione alimentare e di prodotti. I trattamenti chimici necessitano di analisi da effettuare in appositi laboratori, gli Ogm richiedono leggi che determinino l'identità genetica, i metodi organici devono invece essere sottoposti al controllo e all'esperienza delle comunità locali. Nel 1998, il governo pensò di risolvere il problema della contaminazione dell'olio di senape imponendo a ogni *ghani* (frantoio) di confezionare il prodotto e avvalersi di un chimico e di un laboratorio. Tale decisione, che non teneva conto delle dimensioni e dei metodi di produzione, provocò la chiusura di un milione di frantoi e la criminalizzazione di molti piccoli produttori, oltre a spalancare le porte all'importazione dell'olio di soia. Non dobbiamo permettere che la devastazione del settore degli oli commestibili provocata da leggi cosiddette "a tutela della salute pubblica" si ripeta in altri settori della nostra cultura e della nostra economia alimentare locale.

Non dobbiamo rinunciare a sistemi di controllo sicuri soltanto perché le leggi e le normative al servizio dell'industria agroalimentare ne vorrebbero altri meno attendibili. Dobbiamo impedire loro di diffondere malattie e alimenti nocivi, di distruggere i nostri prodotti tipici per sostituirli con cibi industriali malsani e pericolosi per la salute. Non è nel nostro interesse che il mercato globale sia liberalizzato, mentre la produzione locale affonda sotto una mole di nuove restrizioni. Chiediamo invece che i prodotti chimici e gli Ogm vengano controllati da strutture centralizzate, e che i sistemi di produzione locale rimangano soggetti a dei sistemi di controllo locali, decentralizzati e democratici, aperti cioè al contributo dei singoli cittadini.

La proposta formulata dal governo indiano, che contempla un'unica normativa a tutela della sicurezza alimentare, precisa che le autorità competenti faranno riferimento agli standard internazionali. Ma nel caso degli Ogm, non esistono standard internazionali: esiste la normativa Ue, come pure la totale assenza di controlli degli Stati Uniti. L'India deve articolare le sue leggi in funzione delle sue condizioni specifiche e del settore di applicazione. Una normativa applicata indiscriminatamente a tutti i sistemi di produzione alimentare non può che privilegiare la produzione e il commercio su larga scala, discriminando e criminalizzando invece tutto ciò che è piccolo, locale e diversificato.

I nostri *dhaba* e le nostre cucine, le piccole cooperative e le imprese a gestione familiare stanno per essere equiparate a Nestlé, Cargill, ConAgra e ad altri giganti del settore. Il consumo domestico e locale, incluse le associazioni "no profit", entrerebbero a far parte della stessa categoria che definisce le importazioni di Ogm. Questo non è un approccio scientifico e moderno. È l'imposizione obsoleta, rozza e coercitiva di uno stato al servizio delle multinazionali che vorrebbe eliminare il 99 per cento della nostra produzione alimentare, e con essa milioni di esistenze e millenni di tradizioni gastronomiche differenziate, al solo fine di conferire all'agroindustria e all'agrocommercio globali il monopolio della nostra economia.

Il diritto all'informazione

Coca-Cola e Pepsi si appellano alle leggi che tutelano i segreti commerciali per non rivelare all'Alta Corte del Rajasthan la composizione delle loro bevande. Union Carbide si è servita di una strategia analoga per tenere nascosta la natura della fuga di gas che provocò migliaia di morti e milioni di altre vittime a Bhopal. Ma il cibo e la salute sono troppo importanti per essere sacrificati ai segreti commerciali delle grandi imprese. Il diritto all'informazione deve costituire la base di qualsiasi legge sulla sicurezza alimentare.

Dobbiamo imparare dagli errori dell'industria alimentare. Questo tipo di produzione è responsabile del morbo della mucca pazza e di un'epidemia di obesità e diabete, eppure le leggi sulla sicurezza alimentare non la considerano pericolosa per la salute pubblica. Una normativa davvero efficace dovrebbe riconoscere la superiorità delle nostre piccole economie locali in termini di apporto nutritivo, sicurezza, importanza culturale e sviluppo delle prospettive di impiego. Ci serve una legge che protegga le tradizioni locali dalla cultura alimentare industriale, centralizzata, omogenea e portatrice di malattie delle multinazionali. La ricchezza della nostra biodiversità e della nostra tradizione alimentare ha dato vita a economie locali floride e robuste. La nostra competenza nel trattamento e nella preparazione dei cibi è garanzia di un futuro di sicurezza e genuinità. Non dobbiamo permettere che una legge manipolata dai giganti globali dell'alimentazione e promossa da burocrati assetati di potere cancelli i nostri diritti e la nostra libertà. Respingiamo gli standard di pseudosicurezza che favoriscono il commercio globale e distruggono la nostra ricca tradizione. Attiviamoci invece per costituire una normativa democratica, aperta alla partecipazione diretta dei cittadini, che sia in grado di potenziare la nostra produzione locale, di garantire la sicurezza dei cibi e di combattere la fame e le cattive abitudini alimentari. Il governo di Dehli badi a controllare i vari Cargill e Monsanto, anziché i nostri *dahba* e le nostre cucine. Se il governo si occupa dell'industria e del commercio agroalimentare, noi penseremo ad autoregolamentarci in quanto comunità e società civile. Non obbediremo a una legge che ci impone una dittatura del cibo, ne creeremo altre che tutelino la nostra libertà alimentare. Questo è il nostro obiettivo democratico, la nostra *anna swaraj*.

Terra Madre: l'incontro di economie che apportano la vita

In un mondo oppresso dalla paura e dalle divisioni, dalla miseria e dalla precarietà, un magico incontro di comunità impegnate nello sviluppo di un'economia alimentare alternativa – Terra Madre – ha avuto luogo a Torino, nell'ottobre del 2004. Slow Food, il movimento che attribuisce alla capacità di produrre e consumare alimenti sani e diversificati un ruolo trainante per innescare i processi di democratizzazione sociale, economica e politica, ha radunato cinquemila membri di comunità provenienti da centotrenta paesi diversi. Nonostante le diversità, i partecipanti si sentivano correlati da un comune rapporto con la madre Terra e con il cibo, che è la rete stessa della vita, e dalla loro comune appartenenza al genere umano, che non conosce distinzioni tra principi e contadini.

Terra Madre è stato un convegno di piccoli produttori che si rifiutano di scomparire, nonostante la globalizzazione tenda a cancellare la diversità delle specie e delle culture, i piccoli coltivatori, le economie locali e le tradizioni indigene. I piccoli agricoltori e le aziende alimentari locali non si limitano a contrastare questa tendenza, ma sono anche determinati a costruire un futuro che vada oltre la globalizzazione. Come ha dichiarato Giovanni Alemanno, ministro dell'Agricoltura e dei Beni forestali dell'allora governo italiano, nel suo discorso introduttivo a Terra Madre:

> L'aspetto davvero originale e rivoluzionario di Terra Madre consiste nell'aver selezionato quelle comunità che hanno scelto di rimanere estranee ai processi dell'alimentazione industriale, e che per questo si distinguono per il carattere autentico e genuino dei loro prodotti. Per una volta, i piccoli produttori e le piccole aziende del settore alimentare vengono messe in primo piano.

Negli ultimi decenni, le donne, i piccoli agricoltori e i piccoli produttori hanno perso il controllo della produzione e della distribuzione alimentare, che è passato nelle mani di giganti del mercato globale come Cargill, Monsanto, Philip Morris e Nestlé. Grazie agli ingenti sussidi che ricevono, le multinazionali dell'industria e del commercio agroalimentare possono esercitare una concorrenza sleale che annienta i piccoli produttori di tutto il mondo. Il movimento che contrasta la globalizzazione ha denunciato più volte la parzialità delle leggi che regolano il commercio globale e il loro impatto devastante sui contadini che si indebitano e vengono indotti al suicidio. I piccoli produttori di Terra Madre non si limitano a maledire il capitalismo globale, ma continuano a mantenere in vita una produzione decentralizzata e fondata sulla biodiversità.

A Terra Madre si percepiva una forte energia che scaturiva proprio dalla forza e dalla capacità di resistenza dei partecipanti, che continuano a conservare e condividere i loro semi, a vivere le loro culture, a parlare nelle loro lingue e a celebrare le loro tradizioni alimentari. C'era, per esempio, una comunità di produttori di mango secco; c'erano le donne entomofaghe di Ouagadougou, nel Burkina Faso, che allevano, cucinano e vendono insetti commestibili; la comunità di Atacora, nel Benin, che coltiva i Baobab; i coltivatori liguri di basilico; i pastori nomadi indiani e del Kirgbity; alcuni allevatori di pecore dell'Asia centrale; i produttori thailandesi di riso jasmine e quelli indiani di riso basmati, entrambi vittime della biopirateria di RiceTec. Terra Madre riproduceva la bellezza e la varietà del mondo reale a tal punto che era una vera festa per gli occhi e le orecchie poter vedere e ascoltare tante comunità diverse che illustravano le loro tradizioni agricole e alimentari con grande gioia, orgoglio e dignità. Si respirava un'aria completamente diversa rispetto agli incontri del Wto, dove si parla sempre e soltanto di affari e di soia, mais, riso, grano e canola; dove un'unica società (Monsanto) detiene il 94 per cento della produzione mondiale di Ogm; e dove si trattano prodotti che per la maggior parte non sono destinati a sfamare degli esseri umani, ma a ingrassare miliardi di animali tenuti in cattività negli allevamenti industriali. Le piccole aziende agricole di Terra Madre producono più delle tenute industriali sfruttando meno risorse; promuovono una biodiversità che protegge la salute del suolo e delle persone; e la loro produzione privilegia la qualità, il gusto e le proprietà nutritive dei cibi, anziché la quantità e i profitti.

Il concetto di diversità è come un perno attorno al quale ruotano i nostri sistemi alimentari: diversità dei raccolti, dei cibi e delle culture. Difendere tale diversità significa resistere alle monoculture e risvegliare la nostra creatività per progettare delle alternative. La nostra forza risiede proprio nell'unicità e nella varietà. Ed è una forza che nessuno può toglierci, a meno che non decidiamo noi stessi di abbandonarci alla rassegnazione.

Un modo diverso di rapportarsi al cibo

Terra Madre ci ha offerto l'opportunità di articolare un approccio alternativo, un modo diverso di rapportarsi al cibo. Durante l'inaugurazione, Carlo Petrini, fondatore di Slow Food, ha chiesto a tutti i presenti di difendere i diritti, le conoscenze e la creatività dei piccoli produttori di ogni parte del mondo. Petrini ci ha chiesto anche di superare il divario tra produttore e consumatore. "Dobbiamo diventare tutti coproduttori," ha affermato. Consumare significa distruggere. Non a caso in inglese la parola "consumption" significa anche tubercolosi, una malattia che "consuma". L'atto di nutrirci ci rende già partecipi di un processo produttivo. La scelta di acquistare dei prodotti biologici, per esempio, si traduce in una difesa dell'agricoltura organica e in un rifiuto dei veleni industriali. La scelta di non acquistare Ogm difende i diritti dei piccoli agricoltori e il diritto di ognuno a una corretta informazione e alla tutela della salute. Acquistando dei prodotti locali, sottraiamo profitti e potere all'agroindustria e all'agrocommercio globali e rafforziamo invece la nostra comunità. In questo senso chi si nutre è anche coproduttore, sia perché il suo rapporto con i piccoli produttori è fondamentale per poter costituire un'economia alimentare più giusta e più sana, sia perché siamo quello che mangiamo, e le nostre scelte alimentari comportano anche delle scelte di vita.

L'industrializzazione e la globalizzazione del settore alimentare tendono a contrapporre il Nord e il Sud del mondo, i produttori e i consumatori, i ricchi e i poveri. La retorica del cibo "a basso prezzo", l'idea che le grandi imprese possano produrre quantità maggiori di cibo e sono pertanto necessarie per combattere la povertà, dovrebbe giustificare questa contrapposizione. Sappiamo però che, al contrario, le piccole aziende agricole, la coltivazione organica e il ricorso alla biodiversità sono più produttivi delle grandi monocolture industriali.

Nel suo discorso di chiusura a Terra Madre, il principe Carlo d'Inghilterra ha ribadito questa verità:

> I fautori dell'agricoltura industriale sostengono che soltanto una produzione intensiva può far fronte alla crescita della popolazione mon-

diale. In realtà, anche senza l'apporto di investimenti significativi e scontrandosi spesso con l'ostilità degli organismi ufficiali, l'agricoltura biologica è riuscita a evolversi e ad aumentare notevolmente la propria produttività. Un recente studio condotto dall'Onu e dalla Fao rivela che la produzione di patate in Bolivia è passata da quattro a quindici tonnellate per ettaro di terreno. A Cuba, la quantità di ortaggi coltivati organicamente nei parchi urbani è quasi raddoppiata. In Etiopia, un paese che vent'anni fa fu vittima di una terribile carestia, la produzione di patate dolci è passata da sei a trenta tonnellate per ettaro di terreno. In Kenya, il raccolto di mais è cresciuto da 2,25 a nove tonnellate per ettaro. E in Pakistan, la produzione delle colture organiche di mango è passata da 7,5 a ventidue tonnellate per ettaro.

Nel corso della cerimonia inaugurale, mi sono soffermata sul fatto che i prodotti alimentari industriali e distribuiti a livello globale non sono a buon mercato. Al contrario, presuppongono costi eccessivi in termini di risorse naturali, investimenti di produzione e rischi per la salute umana. La terra non è più in grado di sostenere questa continua estrazione delle risorse idriche sotterranee, l'inquinamento prodotto dai pesticidi, l'estinzione delle specie e una crescente destabilizzazione del clima. Al tempo stesso, i piccoli contadini non sono più in grado di far fronte all'indebitamento che deriva inevitabilmente dall'industrializzazione dell'agricoltura.

Il suicidio di trentamila contadini poveri indiani negli ultimi dieci anni è sintomatico della grave crisi che il modello di produzione agricola e alimentare dominante ha prodotto. Si tratta di un sistema che nega il diritto al cibo e alla salute a un miliardo di persone affamate, ma anche a un altro miliardo di individui affetti da obesità. Di un sistema incapace di produrre degli alimenti genuini, appropriati al contesto culturale, gustosi e di qualità, ma anche di produrre una quantità di cibo sufficiente per tutti, perché necessita di una quantità eccessiva di risorse terrene, idriche ed energetiche. L'agricoltura industriale utilizza una quantità di energia pari a dieci volte quella prodotta, e consuma una quantità d'acqua che è dieci volte superiore a quella impiegata per l'agricoltura biologica. Pertanto è dieci volte meno efficiente. Anche la razionalizzazione e la riduzione della manodopera necessaria è una falsità: tutti i ricercatori, i produttori di pesticidi, gli esperti di ingegneria genetica, i camionisti e i soldati mandati in guerra per il petrolio sono di fatto al servizio della produzione alimentare industriale. Se dovessimo davvero contare tutte le persone coinvolte in questo tipo di produzione non sostenibile, scopriremmo che l'efficienza del modello industriale è inferiore a quella dell'alternativa ecologica anche in termini di impiego di forza lavoro.

Quando l'agricoltura diventa simile alla guerra, perché i metodi di produzione tradizionali vengono sostituiti con armi di distruzione di massa, anche il cibo si trasforma in non cibo. Analogamente, un commercio che si fonda su prezzi ribassati grazie ai sussidi e su metodi di concorrenza sleale non può più essere considerato come tale, ma come una forma di sfruttamento e oppressione.

I prezzi bassi degli alimenti industriali non dipendono da un impiego efficiente delle risorse e delle energie produttive, bensì dai sussidi stanziati e dall'occultamento dei costi reali – guerre, malattie, devastazione ambientale, impoverimento delle culture e disintegrazione sociale.

Terra Madre ha riconosciuto il valore di un'agricoltura onesta che non altera i prezzi, che non sfrutta la terra e chi se ne prende cura. Il convegno ci ha dato l'opportunità di celebrare le nostre economie che apportano la vita, le pratiche che ci permettono di coprodurre in sintonia con i lombrichi e i ragni, con le micorizze e i funghi. La grande ragnatela della vita che correla ogni essere vivente trae origine proprio dal cibo. Come ci insegna l'antica *Taitreya Upanishad*: "Dal cibo prendono forma tutte le creature... Gli esseri viventi nascono dal cibo, dipendono dal cibo quando sono in vita, e si trasformano in cibo dopo la morte".

In India abbiamo creato dei territori liberi, dei villaggi liberi e delle aziende agricole alternative che pongono le basi per una democratizzazione della catena alimentare. L'agricoltura biologica, libera dai prodotti chimici e dalle tossine, e i territori liberi dalle sementi brevettate e dagli Ogm sono le fondamenta di una democrazia del cibo che nasce dal basso e si oppone alla dittatura dell'alimentazione industriale.

Democrazia dell'alimentazione

I principi che ispirano questo approccio democratico e libertario alla produzione alimentare sono condivisi da persone provenienti da diverse culture, come si evince dal Manifesto della commissione sul futuro dell'alimentazione che coordino insieme al presidente della regione Toscana. La premessa ne spiega l'intento:

Il manifesto vuole essere una sintesi del lavoro e delle idee esposte da centinaia di organizzazioni in tutto il mondo e migliaia di persone che cercano attivamente di capovolgere l'attuale tendenza all'industrializzazione e globalizzazione della produzione alimentare. Se pure comprende una critica dei pericoli insiti negli orientamenti attuali dei governi, l'aspetto più importante del manifesto è la sua esposizione di idee, programmi e di una prospettiva concreta volti ad assicurare che l'agricoltura e l'alimentazione diventino più sostenibili socialmente ed ecologicamente, più accessibili, e che la qualità e la sicurezza degli alimenti e la salute pubblica abbiano la precedenza davanti ai profitti delle imprese multinazionali.
Ci auguriamo che questo manifesto funzioni da catalizzatore per unire e rafforzare il movimento verso l'agricoltura sostenibile, la sovranità alimentare, la biodiversità e la diversificazione agricola, e che perciò aiuti ad alleviare la fame e la miseria nel mondo intero.[4]

Il manifesto si sofferma sugli obiettivi e sulle difficoltà che questo modello alternativo deve affrontare, per poi descrivere le "alternative già operative all'agricoltura industriale":

In ogni continente, le comunità rurali stanno richiamando l'attenzione dell'opinione pubblica sugli effetti devastanti dei sistemi alimentari e agricoli controllati dalle grandi imprese multinazionali, che hanno trasformato l'agricoltura in industria di estrazione e il cibo in un grande rischio per la salute.
Stanno emergendo movimenti – molti dei quali in più paesi e tra loro collegati – che ristabiliscono i legami storici tra cibo, agricoltura e valori collettivi. Questi movimenti riportano il cibo e la sua produzione a riprendere il giusto posto nella cultura e nella natura – dopo una devastante estraneazione che emerge come aberrazione dell'esperienza umana.
Qui per ragioni di spazio possiamo solo accennare alla svolta che questi movimenti hanno realizzato negli ultimi decenni. Il fatto che ben poche di queste novità potevano essere prevedibili dovrebbe far riflettere chiunque sostenga che l'agricoltura industriale costituisce il solo inevitabile futuro. Il cambiamento – un cambiamento molto rapido – è possibile. Quelli che seguono sono alcuni esempi dei settori in cui le cose stanno rapidamente cambiando:

Democratizzazione dell'accesso alla terra
Da tanto tempo si è riconosciuto che l'accesso alla terra della popolazione rurale povera del mondo è la chiave per porre fine alla fame e alla povertà, ma molti credevano che la riforma fosse politicamente impossibile. Questo accadeva in Brasile, dove meno del 2 per cento dei proprietari terrieri possedeva metà del terreno coltivabile (la

maggior parte del quale lasciato inutilizzato), dove anche piccole assemblee venivano proibite e i tentativi di cambiamento venivano puniti con la violenza. Oggi tuttavia questo paese è alla guida del processo di democratizzazione dell'accesso alla terra. Negli ultimi venti anni, il Movimento dei lavoratori senza terra, definito con la sigla portoghese Mst, ha contribuito all'insediamento di un quarto di milione di famiglie, già senza terra, su otto milioni di ettari di terreno in quasi tutti gli stati del Brasile. Sfruttando una clausola della nuova costituzione che dà mandato al governo di ridistribuire le terre inutilizzate, il Mst si è servito della disobbedienza civile per far rispettare questo mandato.

Le quasi tremila nuove comunità che aderiscono al Mst stanno creando migliaia di nuove attività economiche e di scuole. I benefici della riforma agraria possono essere misurati in termini di reddito annuale dei nuovi coloni, che è pari a quasi quattro volte lo stipendio minimo, mentre i braccianti senza terra percepiscono attualmente soltanto il 70 per cento dello stipendio minimo. La mortalità infantile tra le famiglie destinatarie della riforma agraria è diminuita ad appena la metà della media nazionale. Le stime di costo per la creazione di un posto di lavoro nel settore commerciale in Brasile superano da due a venti volte il costo che si dovrebbe sostenere per insediare una famiglia disoccupata sulla terra con la riforma agraria. Il processo di democratizzazione per garantire l'accesso alla terra funziona.

Democratizzare l'accesso al credito

Per molto tempo i banchieri hanno sostenuto che i poveri rappresentano un rischio inaccettabile di insolvenza. Ma questa barriera sta per crollare. Venti anni fa, in Bangladesh, la Grameen Bank ha messo a punto un sistema di credito rurale non basato sulla garanzia patrimoniale, ma sulla responsabilità congiunta di piccoli gruppi. Il programma di microcredito di Grameen Bank, destinato a 2,5 milioni di persone in villaggi rurali, perlopiù donne, è stato adottato in cinquantotto paesi. Con un tasso di restituzione del prestito di gran lunga superiore alle banche tradizionali, il processo di democratizzazione per garantire l'accesso alle risorse d'investimento si sta dimostrando possibile.

Il ripristino del legame tra città e campagna, consumatore e produttore

In ogni continente sono in corso misure pratiche per rendere possibile la produzione locale per uso locale. Le campagne di "acquisto dei prodotti locali" affascinano i consumatori in Europa, negli Stati Uniti e altrove. Un'importante innovazione è rappresentata dal movimento per un'agricoltura sostenuta dalla comunità (Csa), nel quale agricoltori e consumatori si collegano e condividono i rischi. All'inizio della stagione, i consumatori acquistano una "quota" che

dà loro diritto di usufruire dei frutti del lavoro degli agricoltori. I movimenti Csa sono nati a metà degli anni sessanta in Germania, in Svizzera e Giappone. Diciassette anni fa non vi era alcun Csa negli Stati Uniti; attualmente ve ne sono oltre tremila che servono decine di migliaia di famiglie. L'esempio degli Stati Uniti ha contribuito a ispirare un movimento Csa nel Regno Unito, che ha ottenuto il sostegno del governo locale. Movimenti simili si sono sviluppati anche in Giappone e altrove.
Altre importanti iniziative di crescente rilevanza sono i mercati dei produttori agricoli in città, che soltanto negli Stati Uniti sono cresciuti del 79 per cento negli ultimi otto anni. Questi hanno permesso agli agricoltori locali di vendere i propri prodotti direttamente al pubblico senza ricorrere a costosi intermediari. Si stanno diffondendo anche orti familiari e scolastici – dagli orti "domestici" in Kenya ai bambini che a scuola coltivano il proprio cibo.[5]

Jal swaraj: democratizzare l'accesso all'acqua

L'acqua è vita. Una democrazia che si impegna a difendere la vita non può prescindere dal libero accesso alle risorse idriche del pianeta.

La biosfera esiste in quanto tale perché è anche idrosfera. Il ciclo idrologico del pianeta può essere rappresentato come una democrazia dell'acqua, cioè un sistema che distribuisce l'acqua a tutte le specie. Questa distribuzione non avviene in maniera uniforme – si pensi alla foresta amazzonica e al deserto del Sahara – ma risponde comunque a criteri di equità. Se l'acqua fosse ripartita uniformemente, troveremmo ovunque la stessa quantità e lo stesso andamento di precipitazioni annuali, le stesse piante e le stesse specie di animali. La Terra sviluppa invece una diversità che si evolve proprio in rapporto alla quantità d'acqua ricevuta. Tuttavia, all'interno di ogni ecosistema e di ogni zona agroclimatica l'acqua viene distribuita equamente tra tutte le specie. La natura provvede indiscriminatamente al fabbisogno dei microbi e dei mammiferi, delle piante e degli uomini. Analogamente, tutti gli esseri umani, in quanto membri di un'unica specie, necessitano della stessa quantità d'acqua per la loro sopravvivenza.

La globalizzazione ha alterato questo sistema democratico di distribuzione delle risorse idriche del pianeta, perché sfrutta eccessivamente le riserve sotterranee, devia il corso dei fiumi e privatizza i servizi pubblici di fornitura. Da quando scrissi *Le guerre dell'acqua*[6] i progetti, le politiche e i processi di privatizzazione e mercificazione delle risorse idriche sono diventati molto più evidenti, ma anche i movimenti che si battono per democratizzare l'accesso all'acqua sono cresciuti un po' ovunque. In seguito alle mie denunce, in India ci sono state molte iniziative di protesta contro gli espropri d'acqua e la vendita di prodotti tossici da parte di Pepsi e Coca-Cola. Il problema delle dighe, di cui già avevo parlato, è sempre più allarmante. Ci sono nuovi piani in atto che potrebbero alterare il corso di tutti i fiumi dell'India per creare una rete di collegamenti interfluviali, e nuovi movimenti di protesta determinati a bloccare questo progetto. Il mio libro denunciava anche le privatizzazioni sostenute dalla Banca mondiale. La campagna di resistenza alla privatizzazione del servizio di fornitura idrica di Dehli è appunto in pieno corso. La battaglia che l'India sta combattendo per democratizzare l'accesso all'acqua è un caso esemplare di situazioni che si ripetono in tutto il mondo. Che si tratti di esproprio delle riserve idriche sotterranee da parte delle multinazionali delle bevande, di riconversione dei fiumi o di privatizzazione dei servizi idrici urbani, all'origine di questi furti dell'acqua si verifica sempre un'alleanza tra stati e grandi imprese. Lo stato al servizio delle multinazionali è un potere centralizzato che scavalca le strutture federali e i vincoli costituzionali, per usurpare e sopprimere i diritti fondamentali delle comunità.

Ecco allora che la nostra battaglia per democratizzare l'accesso alle risorse idriche non si oppone soltanto agli abusi delle multinazionali, ma anche al potere autoritario degli stati centralizzati. È da questo potere che dipendono le privatizzazioni, perché soltanto uno stato coercitivo e antidemocratico può favorire gli interessi del mercato a scapito di quelli dei cittadini. Le lotte per la difesa dell'acqua entrano pertanto a far parte del nostro progetto più ampio di democratizzazione globale, che implica una difesa delle strutture democratiche già esistenti e un'applicazione più profonda ed estesa ad ambiti nuovi del concetto stesso di democrazia. Opporsi alla privatizzazione dell'acqua significa, al tempo stesso, riconquistare le risorse comuni e i diritti delle comunità e impedire che i servizi pubblici e i beni pubblici esistenti ci vengano tolti.

La protesta delle donne di Plachimada contro Coca-Cola

Le donne di un minuscolo villaggio del Kerala sono riuscite a far chiudere uno stabilimento della Coca-Cola. “Quando bevi una Coca bevi anche il sangue delle sue vittime" ha dichiarato Mylamma, la donna che ha dato inizio al movimento di protesta di Plachimada.[7]

Nel marzo del 2000, lo stabilimento della Coca-Cola di Plachimada era stato incaricato di produrre 1.224.000 bottiglie di bevande al giorno. Il *panchayat* (consiglio del villaggio) locale aveva rilasciato un permesso con riserva che autorizzava l'installazione di un impianto a motore per attingere alla falda acquifera sotterranea. Tuttavia, Coca-Cola prese a estrarre illegalmente milioni di litri di acqua potabile – secondo una stima locale,1,5 milioni di litri al giorno. Il livello della falda acquifera cominciò a calare, passando da quarantacinque a oltre centocinquanta metri di profondità. Gli indigeni e i contadini denunciarono l'indiscriminata installazione di un gran numero di pozzi per l'estrazione dell'acqua, che mettevano a repentaglio le riserve e il fabbisogno idrico quotidiano con gravi danni per la coltivazione dei campi. Anche le sorgenti d'acqua potabile, i corsi d'acqua, i canali, i bacini e le cisterne della zona risultavano coinvolti. Il *panchayat* locale chiese alla società di fornire spiegazioni, e al suo rifiuto decise di revocare il permesso d'uso delle pompe estrattive e di inviarle un avviso di garanzia. Coca-Cola ha cercato inutilmente di corrompere A. Krishnan, presidente del *panchayat* locale, con trecento milioni di rupie.

Oltre a prosciugare le risorse idriche della comunità locale, Coca-Cola inquinava anche quello che non riusciva a sottrarre. Durante la stagione delle piogge, i rifiuti che la società aveva abbandonato di fronte allo stabilimento si dispersero contaminando le risaie, i canali d'irrigazione e i pozzi, con gravi pericoli per la salute pubblica. In conclusione, duecentosessanta pozzi pubblici messi a disposizione per il rifornimento dell'acqua potabile e dei servizi per l'agricoltura sono stati prosciugati. Alcuni di questi, che si trovavano nei terreni della società, sono stati illecitamente riempiti di acqua inquinata dagli scarti di produzione. Nel 2003, le autorità mediche locali hanno informato gli abitanti di Plachimada che la loro acqua non era più potabile. Le donne, che se ne erano già accorte, sono state costrette a percorrere chilometri per approvvigionarsi. Coca-Cola era riuscita a creare problemi di rifornimento idrico in una regione in cui l'acqua è sempre stata abbondante.

Le donne di Plachimada hanno deciso però di non subire questo atto di idropirateria. Nel 2002 hanno cominciato a presidiare i cancelli dello stabilimento. Nel 2003, ho deciso di unirmi a loro per celebrare la festa della Terra e il primo anniversario del loro *dharna* (sit-in). Il 21 settembre 2003 c'è stato un raduno davvero imponente, e una delegazione ha consegnato un ultimatum alla società. E a gennaio del 2004, Plachimada ha ospitato una Conferenza mondiale sull'acqua che ha visto la partecipazione di attivisti quali Jose Bové e Maude Barlow, intervenuti in sostegno della protesta locale. Il movimento organizzato dalle donne della tribù *adivasi* aveva ottenuto un seguito di rilievo internazionale.

Il *panchayat* locale si è avvalso dei suoi diritti costituzionali e ha fatto causa alla società, mentre il *panchayat* di Perumatty ha presentato un'istanza di interesse pubblico presso l'Alta corte del Kerala. Il 16 dicembre 2003, la corte ha emesso una sentenza che accoglieva le richieste delle donne e imponeva a Coca-Cola di porre fine al furto dell'acqua di Plachimada. Il giudice Balakrishnana Nair ha motivato così la sua decisione:

> La dottrina del "Public trust" [della tutela del bene pubblico da parte dello stato; *N.d.T.*] si fonda sul principio secondo cui certe risorse essenziali per l'intera comunità quali l'aria, l'acqua, il mare e le foreste sono così importanti per l'intera comunità da rendere completamente ingiustificata la loro trasformazione in proprietà privata. Poiché tali risorse sono un dono della natura, devono rimanere liberamente accessibili a tutti, anche ai più poveri. La dottrina affida al governo il compito di proteggerle al fine di garantire il pubblico accesso, non certo per consentirne la privatizzazione o lo sfruttamento a scopi commerciali...
> Il nostro sistema giuridico – fondato sulla Common Law britannica – riconosce anche la dottrina del "Public trust" come parte della sua giurisprudenza. Lo stato è amministratore fiduciario di tutte le risorse naturali, ovvero di quelle risorse che la natura ha destinato all'uso e al godimento pubblico. Il pubblico nel suo insieme è dunque beneficiario delle coste, dei corsi d'acqua, dell'aria, delle foreste e dei territori ecologicamente fragili. In quanto amministratore fiduciario, lo stato ha il dovere legale di proteggere le risorse naturali. Tali risorse destinate a un uso pubblico non possono essere convertite in proprietà privata.[8]

Il 17 febbraio 2004, il governo del Kerala, messo alle strette dalla protesta popolare e da una crisi aggravata dalla siccità, è stato costretto a disporre la chiusura dello stabilimento della Coca-Cola. Il movimento di Plachimada ha vinto perché ha saputo creare una rete di alleanze e strategie differenziate. Le donne del villaggio hanno ricordato a tutti che la legge tutela il diritto pubblico all'acqua, provocando l'insorgere di nuovi movimenti di protesta contro gli altri ottantasette stabilimenti di proprietà di Pepsi e Coca-Cola che continuano a prosciugare e inquinare il patrimonio idrico del paese.

Dichiarazione di Plachimada

> L'acqua è alle origini della vita, è un dono della natura e appartiene a tutti gli esseri viventi che popolano il pianeta.
> L'acqua non può essere convertita in proprietà privata. È una risorsa comune necessaria per la sussistenza.
> L'acqua è un diritto umano fondamentale. Deve essere conservata, protetta e amministrata. Evitare ogni spreco e ogni forma di inquinamento per tutelare i diritti delle generazioni future è un nostro dovere prioritario.
> L'acqua non è merce. Dobbiamo opporci a ogni tentativo criminale di privatizzare l'acqua o consegnarla al monopolio delle multinazionali e del mercato. Soltanto in questo modo potremo garantire a tutti gli abitanti del mondo di esercitare il loro diritto inalienabile e fondamentale.
> La politica di gestione delle risorse idriche deve fondarsi su questi presupposti.
> La comunità locale deve godere del pieno diritto di conservare, utilizzare e amministrare l'acqua. Questa è la condizione necessaria per garantire un approccio democratico alle risorse idriche. Qualsiasi tentativo di ridurre o negare tale diritto deve essere considerato come un crimine.
> Per poter produrre e commercializzare le loro bevande tossiche, Coca-Cola e Pepsi Cola inquinano e prosciugano l'acqua, mettendo in pericolo l'esistenza stessa delle comunità locali.
> La resistenza insorta a Plachimada, Puduchery e in altre parti del mondo è il simbolo della nostra coraggiosa battaglia contro le cosche criminali delle grandi imprese che compiono atti di pirateria contro la nostra acqua.
> Noi, che siamo pienamente solidali con le donne *adivasi* e prendiamo parte alla loro resistenza contro le torture inflitte dalle orrende potenze economiche presenti a Plachimada, esortiamo tutti i cittadini del mondo a boicottare i prodotti di Coca-Cola e Pepsi Cola.
> Coca-Cola, Pepsi Cola: "Fuori dall'India".

Plachimada ha infuso nuove energie ai movimenti di resistenza locale di ogni parte dell'India. A maggio del 2004, i vari gruppi di protesta che si battono per contrastare l'estrazione illecita dell'acqua si sono riuniti a Delhi, dando vita alla campagna nazionale "Coca-Cola e Pepsi fuori dall'India".

Ogni stabilimento aperto può provocare una nuova Plachimada. Nel 1999, Coca-Cola ne ha inaugurato uno a Kaladere, Jaipur, la capitale del Rajahstan. Da allora, il livello delle riserve idriche sotterranee è sceso da quindici a centocinquanta metri di profondità, prosciugando i pozzi e le pompe per l'estrazione manuale. La protesta dei locali sta crescendo. Un illustre seguace di Gandhi, Siddharaj Dodda, è stato arrestato per aver preso parte a una manifestazione pacifica che chiedeva la chiusura dello stabilimento. In un'istanza d'interesse pubblico, l'Alta corte del Rajahstan ha ingiunto a Pepsi e Coca-Cola di svelare gli ingredienti delle loro bevande, pena il ritiro dal commercio. Le due società hanno fatto ricorso alla Corte suprema che ha però confermato la sentenza dell'Alta corte del Rajahstan, disponendo che il contenuto delle bevande venisse reso pubblico. Il Centro preposto alle istanze di pubblico interesse, nella persona dell'avvocato Prashant Bhushan che lo rappresenta, ha emesso un'ordinanza in cui si ingiunge di svelare ogni ingrediente, in considerazione della potenziale presenza di sostanze tossiche nelle bevande.

Il 2 dicembre 2004, ventesimo anniversario della tragedia di Bhopal, un convegno importante sulla "Detossificazione" ha messo in correlazione la fuga di sostanze tossiche che provocò l'esplosione della fabbrica di pesticidi della Union Carbide, la contaminazione dei prodotti agricoli con sostanze tossiche provenienti da pesticidi, erbicidi e Ogm, e le tossine contenute nelle bevande di Pepsi e Coca-Cola, che in agricoltura funzionano come veri e propri pesticidi.

A Mehdiganj, un villaggio situato a venti chilometri dalla città santa di Varanasi, un'altra comunità locale ha chiesto la chiusura di uno stabilimento della Coca-Cola. Le riserve idriche sono calate di quasi quindici metri e i campi che circondano l'impianto risultano contaminati. Il 10 maggio 2003, in seguito alla protesta di un centinaio di persone, un'anziana abitante del villaggio di nome Jadrupa Devi è stata ricoverata per ferite alla testa. Il 10 settembre 2003, cinquecento persone hanno preso parte a una manifestazione, con quattordici feriti e settantasei arresti. Nell'ottobre del 2003, Coca-Cola è stata nuovamente citata in giudizio per essersi appropriata delle risorse idriche comuni. Il 20 gennaio 2005, migliaia di persone in tutta l'India hanno organizzato presidi intorno agli stabilimenti Pepsi e Coca-Cola ingiungendo loro di porre fine al furto dell'acqua. Centinaia di scuole e università si sono dichiarate "Coke-Pepsi immuni".

Il primo passo per democratizzare la realtà globale è cominciare a battersi per la difesa della propria libertà individuale. I diritti si conquistano prendendo coscienza delle proprie responsabilità, mentre la libertà si ottiene cominciando a vivere liberamente.

Verso la creazione di una democrazia dell'acqua a Dehli

Delhi, la capitale dell'India, si affida da secoli alle risorse idriche del fiume Yamuna. Nel Sedicesimo secolo, il poeta Sant Vallabhacharya dedicò lo *Yamukastan* a questa fonte di vita:

> Mi inchino con gioia di fronte a te Yamuna, sorgente di ogni manifestazione dello spirito.
> Innumerevoli sono le spiagge che ti adornano, e brillano al contatto dei piedi di loto di Krishna.
> Le tue acque sono delicatamente profumate dai fiori freschi delle foreste ombrose che si snodano lungo le tue rive.
> In te rinasce la bellezza di Krishna, padre di Cupido, adorato dai demoni e dagli dèi.
> Tu discendi impetuosa dal monte di Kalinda, le acque tue spumeggianti di candida schiuma.
> E con slancio amoroso ti spingi oltre, cadendo e risollevandoti tra i massi.
> L'ondeggiare incalzante delle tue acque crea canzoni melodiose, e tu sembri dondolarti su una portantina d'amore.
> Sia lodata Yamuna, figlia del sole, che accresce il nostro amore per Krishna.
> Tu sei discesa in terra per purificarla.
> I pappagalli, i pavoni, i cigni e altri uccelli sono tuoi servitori fedeli, con i loro figli, come se fossero dei cari amici.
> Le tue onde paiono braccia adorne di bracciali, le tue rive sono come bei fianchi decorati da spiagge che paiono ornamenti incastonati di perle.
> Mi inchino a te, quarta diletta di Krishna.
> Infinte sono le qualità che ti adornano, tu che ricevi le lodi di Shiva, Brahma e di altri dei.[9]

Vent'anni di industrializzazione hanno trasformato il fiume Yamuna in una fogna velenosa. Invece di consigliarne la depurazione, la Banca mondiale, approfittando della scarsità d'acqua dovuta al problema dell'inquinamento, ha spinto il governo di Dehli a privatizzare la fornitura idrica e a rifornirsi di acqua attraverso la diga Theri sul Gange, che dista centinaia di chilometri dalla città. Una rete di approvvigionamento pubblica che avremmo potuto attuare con un miliardo di rupie viene così a costare ai contribuenti ben sette miliardi di rupie.

Il progetto di privatizzazione del servizio di fornitura idrico di Dehli si incentra principalmente sull'impianto di bonifica delle acque di Sonia Vihar, i cui lavori hanno avuto inizio il 21 giugno 2002. Tale struttura è stata progettata al costo di 1,8 miliardi di rupie per distribuire 635 milioni di litri d'acqua al giorno e diventare operativa nell'arco di dieci anni. Il contratto firmato dalla Delhi Jal Board, l'impresa municipale che controlla la fornitura idrica della città, con la società francese Ondeo Degremont (affiliata a un colosso mondiale del settore, la Suez Lyonnaise des Eaux Water Division), dovrebbe fornire acqua potabile sicura all'intera città.

Il progetto non comporta alcun investimento estero privato da parte di Suez, che al contrario si appropria di denaro pubblico. I contratti di partnership tra pubblico e privato si traducono sempre in un'appropriazione di fondi pubblici da parte dei privati. Ma i costi più alti non sono quelli economici, bensì quelli connessi all'impatto ecologico e sociale.

Anche il Gange si sta trasformando in un fiume di morte, per le conseguenze ecologiche delle grandi dighe e dell'imbrigliamento delle acque. La diga Theri, collocata nel distretto di Tehri-Garhwal in Uttaranchal, nelle regioni più lontane dell'Himalaya, dovrebbe diventare la quinta tra le più alte del mondo. Se verrà completata, la diga raggiungerà un'altezza di 260,5 metri e si estenderà su un'area di quarantacinque chilometri quadrati di territorio, nelle valli di Bhagirathi e Bhilangana, ovvero su quattromiladuecento ettari del terreno più fertile di quella regione, che tuttavia non ne trarrà alcun beneficio.

C'è da aggiungere che la zona è soggetta a scosse sismiche, e che la grande diga di Theri è situata proprio su una faglia. Tra il 1816 e il 1991, nella regione di Garhwal si sono verificati diciassette terremoti, con altre scosse più recenti a Uttarkashi nel 1991 e a Chamoli nel 1998. La Commissione internazionale per le grandi dighe ha dichiarato che il sito è "ad altissimo rischio".

Se la diga dovesse crollare per colpa di un terremoto – o anche soltanto di una slavina – le conseguenze sarebbero davvero spaventose. L'enorme invaso si svuota in soli ventidue minuti. Nel giro di un'ora, Rishikesh si troverebbe sotto duecentosessanta metri di acqua. Ventitré minuti dopo, anche Haridwar sprofonderebbe sotto 232 metri d'acqua. Bijnor, Meerut, Hapur e Bulandshahar verrebbero sommerse nel giro di dodici ore.[10] La diga potrebbe costituire un pericolo anche per un ampio settore dell'India nordoccidentale, e buona parte della pianura del Gange ne uscirebbe devastata.[11]

Come se non bastasse, già adesso i banchi di limo causati dalla forte sedimentazione del fiume crescono più in fretta dell'acqua raccolta. Per questa ragione, è stato stimato che la diga non potrà essere operativa per più di trent'anni. La diga di Theri è destinata a contenere fango, altro che acqua, e a provocare inondazioni anziché prevenirle.

Anche l'imbrigliamento delle acque produce conseguenze catastrofiche. La scomparsa del Gange nel periodo più caldo dell'estate del 2003 è stata un esperimento – una vivisezione dei nostri fiumi, espressioni viventi della nostra cultura – ufficialmente per ripulire gli approdi di Haridwar, ma in realtà per sondare i nostri margini di tolleranza passiva di fronte a tanta violenza e a una nostra futura catastrofe. I cittadini di Dehli, Uttaranchal e Uttar Pradesh possono ancora trasformare questo esperimento invasivo e abusivo in un progetto che garantisca giustizia e sostenibilità, evitando che l'acqua dei nostri fiumi, il nostro sangue e la nostra vita, diventino una merce in mano alle multinazionali.

Gli abitanti di Theri non potranno mai essere compensati per lo sconvolgimento delle loro vite. Le donne sono impegnate tuttora a presidiare la diga. Se ne stanno sedute in un *dharna* di protesta e rifiutano di spostarsi, nonostante il governo abbia pagato una ditta per demolire le loro case e costringerle ad andare via. Ogni altro progetto di sviluppo della rete idrica locale è stato sospeso, perché il governo dichiara di non avere fondi e perché ogni goccia dell'acqua del Gange deve confluire nella diga. Pare che un centinaio di donne della zona di Pratap Nagar si siano suicidate per la mancanza d'acqua, anche se il Gange scorre proprio sotto i loro villaggi. Come commenta una donna del posto: "Il Gange era la nostra madre, adesso si è trasformato nella nostra tomba". La privatizzazione sottrae dunque le comunità locali dei loro diritti e del loro accesso all'acqua.

Il primo dicembre 2004, i cittadini di Dehli si sono visti aumentare il costo della fornitura idrica. Il governo sostiene che il rincaro delle tariffe è una misura necessaria per far fronte ai costi di distribuzione e mantenimento degli impianti, ma l'aumento supera di dieci volte le spese di gestione della rete. In realtà, il rincaro prepara i cittadini alle nuove tariffe che verranno introdotte con la privatizzazione, visto che le imprese intendono assicurarsi dei lauti profitti. La stessa Banca mondiale consiglia di aumentare le tariffe *prima* che subentri la gestione dei privati. La gestione mista di pubblico e privato rincara i prezzi dei servizi pubblici per "sostenere un intervento commerciale", ovvero per garantire degli ampi margini di profitto, e prepara il passaggio a una gestione completamente privata. I contratti di servizio e distribuzione vengono stipulati contemporaneamente all'aumento delle tariffe. La decisione di rincarare i prezzi non viene assunta democraticamente e non è dettata da necessità reali, ma deriva soltanto da un'imposizione della Banca mondiale. La Dehli Jal Board giustifica infatti l'aumento delle tariffe citando uno studio sulla privatizzazione condotto da Price Waterhouse Cooper con il patrocinio della Banca mondiale e un documento tecnico sulla tariffazione delle acque sempre a cura della Banca mondiale.[12]

Il costo della manutenzione e del funzionamento dei servizi idrici di Delhi è pari a 3,44 miliardi di rupie. Il servizio pubblico ha recuperato 2,7 miliardi di rupie di perdite dovute alla presenza di fughe nei condotti o ad appropriazioni illecite di acqua. Una conferenza sul tema della gestione mista di pubblico e privato ha dimostrato che una partecipazione attiva della comunità e delle autorità pubbliche nella prevenzione dei furti e delle fughe d'acqua potrebbe far recuperare altri cinque miliardi di rupie. In questo modo, aumenterebbe anche la quantità d'acqua a disposizione e il servizio pubblico potrebbe ricavarne maggiori introiti. In totale, la partecipazione attiva della comunità può far recuperare tra i sette e gli otto miliardi di rupie, pari al doppio della somma necessaria per provvedere alla manutenzione e al funzionamento dei servizi idrici.

Il rincaro delle tariffe garantisce invece un recupero di trenta miliardi di rupie, dieci volte la somma necessaria, che assicura un profitto di più di 26,66 miliardi di rupie per le multinazionali in attesa di impadronirsi della rete idrica di Dehli. La riformulazione delle tariffe prevede anche un ulteriore aumento del 10 per cento degli introiti, che nell'arco di sette anni dovrebbe raddoppiare i profitti dei fornitori privati. Tali profitti non comporteranno un miglioramento del servizio, ma soltanto un aggravio della spesa imposta ai cittadini, soprattutto a quelli più poveri.

La riformulazione delle tariffe comporta dei rincari occulti significativi. Le scuole e le aziende agricole vengono classificate come industrie. I *piao*, gli abbeveratoi pubblici che incarnano la cultura indiana del dono dell'acqua, non usufruiscono più di forniture gratuite. Come potranno offrire l'acqua agli assetati? I forni crematori, i templi, gli orfanotrofi e i ricoveri per disabili, che prima pagavano soltanto trenta rupie, devono adesso spenderne migliaia. I servizi sociali non sono in grado di sostenere tali spese, ma l'orientamento imposto dalla Banca mondiale richiede esplicitamente di privilegiare l'interesse commerciale rispetto a quello umanitario. È per questa diversità di presupposti che la privatizzazione dell'acqua appare inconciliabile con un approccio democratico alla gestione delle risorse.

Si è cercato di giustificare l'aumento delle tariffe con molte falsità. Le società private sostengono, per esempio, che il rincaro serve a recuperare i costi complessivi del servizio. Abbiamo visto però che la somma recuperata è pari a dieci volte l'ammontare dei costi di funzionamento e manutenzione, e che le società private non hanno spese aggiuntive perché non effettuano investimenti di alcun tipo. Gli investimenti sono soltanto pubblici, sia per quanto riguarda l'installazione originaria degli impianti sia per via dei prestiti della Banca mondiale, che impongono di privatizzare. Gli operatori privati non investono, ma raccoglieranno miliardi di rupie di investimenti pubblici. Se calcoliamo davvero i costi complessivi del servizio, risulta che gli investimenti provengono esclusivamente dal settore pubblico e che pertanto la rete idrica deve continuare a essere un bene comune soggetto a pubblica gestione.

Un'altra falsità è che la privatizzazione dovrebbe migliorare i servizi offerti ai cittadini meno abbienti. In realtà, del nuovo impianto di Sonia Vihar beneficeranno soltanto i quartieri ricchi della zona sud di Dehli, non quelli più poveri. D'altra parte, le nuove tariffe prevedono un pagamento minimo di quaranta rupie anche per le capanne prive di acqua corrente. La promessa che anche i più poveri riceveranno quaranta litri d'acqua al giorno per la sussistenza è soltanto propaganda.

Si è detto anche che il rincaro delle tariffe porterà a un contenimento degli sprechi. Questa valutazione erronea deriva dalla tendenza tipica del mercato ad associare lo spreco a tutto ciò che non ha un prezzo. Le donne che percorrono chilometri per raccogliere l'acqua non ne lasciano cadere nemmeno una goccia, anche se quell'acqua non è stata fornita da una transazione commerciale. I ricchi invece continuano a sprecare acqua anche con le nuove tariffe, perché il rincaro è minimo, se rapportato al loro reddito. La privatizzazione incentiva lo spreco, come dimostra il progetto di fornitura idrica per le ricche colonie 24/7. Uno spreco che non avviene soltanto a scapito dei poveri di Delhi, ma che depriva anche gli abitanti di altre regioni.

Per far fronte al costante incremento del fabbisogno d'acqua della popolazione, Dehli si avvale già di un'ingente quantità di risorse idriche sottratte ad altre zone. Il Gange, per esempio, fornisce 455 milioni di litri d'acqua al giorno, che diventeranno 1090 con l'entrata in funzione dell'impianto di Sonia Vihar. La connessione fluviale tra lo Sharda e lo Yamuna comporta un'ulteriore deviazione di tre miliardi di metri cubi d'acqua del Gange. Dehli riceve anche centottanta milioni di litri al giorno provenienti dalla diga di Dhakra nel Punjab, 1,25 miliardi di litri cubi al giorno dalla diga di Renuka, sul fiume Giri, e seicentodieci milioni di litri cubi al giorno dalla diga di Keshau, sul fiume Ton.

Tali deviazioni hanno un costo ecologico e sociale estremamente alto. Il 13 giugno 2005, cinque contadini che protestavano contro un progetto della Asian Development Bank, che prevede di convogliare l'acqua verso la città di Jaipur attraverso la diga di Bisalpur, sono stati uccisi dalla polizia. L'imponente deviazione di risorse idriche verso i quartieri ricchi di Dehli potrebbe scatenare una rivolta popolare.

Per ottenere un controllo democratico dell'acqua occorre stringere delle nuove alleanze. Il 2 giugno 2002, quando l'assegnazione dell'impianto di Sonia Vihar a Suez venne resa pubblica, cominciai a contattare varie associazioni di cittadini di Dehli e di contadini che risiedono lungo le rive del Gange. Ognuna di queste organizzazioni, con le sue rivendicazioni specifiche, ha contribuito a costruire una rete di resistenza contro la privatizzazione. I centomila sfollati dalla diga di Tehri si sono coalizzati con milioni di cittadini indiani che considerano il Gange come un fiume sacro e con i contadini che rischiano l'esproprio delle loro terre e della loro acqua. Milioni di persone hanno sottoscritto petizioni che dicevano "Nostra madre Gange non è in vendita". Dal 15 al 22 marzo, in occasione della Giornata mondiale dell'acqua, organizzammo una lunga marcia per la democrazia dell'acqua (*Jal Swaraj Yatra*). In seguito ne organizzammo altre lungo il Gange, per attirare l'attenzione sull'importanza di questo fiume sacro per le culture locali, riuscendo in questo modo a coinvolgere un milione di persone. Centocinquantamila di loro hanno firmato un "fiume" di tessuto lungo cento metri per protestare contro la privatizzazione. Le autorità locali di Uttaranchal, dove si trova la diga di Theri, e quelle di Uttar Pradesh, dove dovrebbe avvenire la deviazione, si sono rifiutate di fornire l'acqua all'impianto di Suez a Dehli.

Il problema del fabbisogno idrico di Dehli non si risolve con la privatizzazione o l'imbrigliamento dei fiumi. È stato dimostrato che, adottando dei criteri di distribuzione più equi e una politica di conservazione, riciclaggio e riduzione dei consumi, la città è in grado di provvedere da sola alle proprie esigenze. Il problema si risolve dunque con una gestione democratica e una politica di risparmio delle risorse idriche. Abbiamo già piantato i semi per far crescere un movimento in grado di concretizzare questi obiettivi. Si tratta adesso di coltivarlo, perché l'acqua possa ridiventare un patrimonio pubblico e un bene comune.

Dichiarazione dei cittadini di Dehli sull'aumento delle tariffe della rete idrica

Noi cittadini di Dehli ci impegniamo a conservare e adoperare con giudizio le nostre scarse, ma preziose risorse idriche.

Ci impegniamo anche a difendere il nostro fondamentale diritto all'acqua, che può essere tutelato soltanto da un'amministrazione pubblica che concepisca l'acqua come un bene pubblico e come un servizio essenziale.

Condanniamo l'aumento antidemocratico e ingiustificato delle tariffe che la giunta di Dehli ha annunciato il 30 novembre 2004, un aumento che riteniamo connesso alla privatizzazione del servizio.

I cittadini hanno proposto dei modelli di gestione mista tra pubblico e privato che sono in grado di ridurre i costi e gli sprechi, e che sono in grado di fornire un'acqua pulita, sicura ed economicamente accessibile a tutti.

L'aumento delle tariffe deciso dal Dehli Jal Board su richiesta della Banca mondiale non farà che aumentare lo spreco dei ricchi e il fardello economico dei cittadini più poveri. Questa "razionalizzazione" rientra nei piani della Banca mondiale, che mira a privatizzare e mercificare fino all'ultima goccia d'acqua, ma contraddice i valori della nostra cultura e lede i nostri diritti costituzionali.

Il governo e la Banca mondiale intendono favorire la presa di controllo della nostra acqua da parte di multinazionali come Suez. Il contratto per la gestione dell'impianto di Sonia Vihar è già stato assegnato a Suez-Degremont. Con l'aumento delle tariffe, si vuole costituire un "mercato dell'acqua" appetibile per le multinazionali.

Per contrastare questa politica di privatizzazione, abbiamo

creato una nuova alleanza di cittadini residenti, organizzazioni ecologiste, gruppi religiosi, associazioni a tutela della salute pubblica, lavoratori del settore idrico, che si impegna a difendere costruttivamente e con creatività "l'acqua come fonte di vita, non di profitto". Non permetteremo che la nostra acqua ci venga sottratta. Non consentiremo l'abuso dei nostri diritti democratici. Non lasceremo che il nostro fondamentale diritto all'acqua venga negato.

A tale scopo, e in risposta all'annuncio dell'aumento delle tariffe, in data primo dicembre 2004 si costituisce il Fronte dei cittadini in lotta per una democrazia dell'acqua.

Imbrigliamento dei fiumi e privatizzazione dell'acqua

I fiumi che scorrono liberi possono soltanto costituire un bene pubblico, perché non richiedono investimenti di capitali, non sono recintati e le loro acque rimangono accessibili a tutti. Al contrario, le acque imprigionate da dighe e canali possono essere privatizzate e mercificate, vendute, acquistate e controllate dai gruppi di potere. Il gigantesco progetto di raccordo interfluviale, finanziato in parte dalla Banca mondiale, che dovrebbe costare duecento miliardi di dollari, altri non è che un tentativo di impadronirsi dell'intera rete di risorse idriche della nazione.

Il progetto si articola su due settori, quello che comprende i territori dell'Himalaya e quello che coinvolge la penisola indiana. Il primo prevede quattordici collegamenti interfluviali, con un costo stimato di 3,75 migliaia di miliardi di rupie, mentre il secondo prevede sedici raccordi, con un costo di 1,85 migliaia di miliardi di rupie.

I raccordi del settore dell'Himalaya

Kosi – Mechi
Kosi – Ghaghra
Gandak – Gange
Ghaghra – Yamuna
Sharda – Yamuna
Yamuna – Rajasthan
Rajasthan – Sabarmati
Chunar – sbarramento di Sone

Diga di Sone – affluenti meridionali del Gange
Brahmaputra – Gange (Manas – Sankosh Tista – Gange)
Farakka – Sunderbans
Gange – Damodar – Sundernarekha
Sundernarekha – Mahanadi

I raccordi del settore peninsulare

Mahanadi (Manibharda) – Godavari (Dowlaiswaram)
Godavari (Polavarm) – Krishna (Vijayawada)
Godavari (Inchampalli) – Krishna (Nagarjunasagar)
Godavari (diga inferiore di Inchampalli) – Krishna (bacino di coda di Nagarjunasagar)
Krishna (Nagarjunasagar) – Pennar (Somasila)
Krishna (Srisailam) – Pennar
Krishna (Almatti) – Pennar
Pennar (Somasila) – Cauvery (Grande Anicut)
Cauvery (Kattalai) – Vaigai (Gundar)
Parbati – Kalishindh – Chambal
Damanganga – Pinjal
Par – Tapi – Narmada
Ken – Betwa
Pamba – Achankovil – Vaippar
Netrreavati – Hemavati
Bedti – Varda

Il costo minimo preventivato di 5,6 migliaia di miliardi di rupie equivale a un quarto del prodotto nazionale lordo annuo, a due volte e mezzo le entrate fiscali e al doppio della nostra riserva di valuta estera. Se consideriamo i dati dell'indagine governativa sull'economia del paese nel 2001-02, il costo del progetto supera anche l'ammontare lordo delle riserve nazionali, e oltrepassa il nostro debito estero complessivo di ben dodici miliardi di dollari.[13] Come pensano di reperire una somma di tale portata?

L'unica risposta possibile è quella di un finanziamento internazionale. Tale finanziamento implicherebbe un debito pro capite di circa centododici dollari, pari al 20 per cento del reddito medio nazionale annuo. Gli interessi annui maturati oscillerebbero tra i duecento e i trecento miliardi di rupie. Chiediamoci poi in che modo potremo mai saldare questo debito, e quali garanzie ci verranno imposte.[14]

Con un prestito di tale portata, il governo indiano diventerà più vulnerabile alle pressioni dei finanziatori esteri. Il rischio più probabile è che, dopo avere dato inizio al progetto con grande propaganda e dilapidazione di fondi, il futuro governo si troverà a non poter fare fronte al costo reale del progetto e a doverlo interrompere, lasciando aperte voragini di migliaia di metri cubi di terreno che deturperanno per secoli l'intero paese. In questa situazione, l'unica alternativa rimasta sarà cedere il progetto, insieme alle risorse idriche della nazione, al controllo delle multinazionali.

La Research Foundation ha condotto un'indagine sul primo raccordo, quello tra il Ken e il Betwa, che è stato finanziato dalla Banca mondiale. Tale progetto prevede la costruzione di una diga alta settantatré metri sul fiume Ken all'altezza di Bundelkhand, che si trova sulla linea di confine tra i distretti di Chhattarpur e Panna, e di un canale lungo 231 chilometri che dovrebbe collegare il Ken e il Betwa. Il costo stimato è di venti miliardi di rupie, 75 per cento delle quali verranno estorte ai contadini locali attraverso una serie di nuove tasse introdotte nell'arco dei prossimi venticinque anni. Si comprende così anche la strategia governativa di introdurre nuove colture industriali a irrigazione intensiva, cui farà seguito un notevole aumento della tassa sull'acqua.[15]

Questo progetto di collegamento interfluviale inonderebbe cinquanta chilometri quadrati del parco nazionale di Panna Tiger, che è attraversato dal Ken. Il parco ospita dieci specie a rischio di estinzione classificate come interventi prioritari dal Wildlife Protection Act del 1972. Oltre a queste specie animali, anche la vegetazione si troverebbe a essere compromessa, perché il progetto comporta l'abbattimento di centinaia di migliaia di alberi.

Il progetto prevede la costruzione di cinque dighe, una sul Ken e altre quattro sul Betwa, con conseguente evacuazione degli abitanti di diciotto villaggi. Tutte e cinque le dighe dovrebbero sorgere all'interno di aree forestali protette, ottocento ettari delle quali verrebbero sommersi dalle dighe sul Betwa.

Il governo indiano vorrebbe far confluire un miliardo di litri cubi d'acqua nel Betwa, ma le autorità competenti di Uttar Pradesh e Madya Pradesh ritengono che il Ken non sia in grado di fornire una tale quantità d'acqua. L'intento dichiarato di trasferire l'acqua da zone cosiddette sovrabbondanti ad altre più aride sembra dunque irrealizzabile. Al contrario, poiché il Ken non deborda d'acqua e il Betwa ne possiede invece a sufficienza, il raccordo tra questi due fiumi provocherebbe rispettivamente siccità e inondazioni nei territori circostanti.

Sulla carta, il progetto sembra garantire un equilibrio tra la quantità d'acqua prelevata e quella restituita. Tuttavia, poiché l'acqua viene prelevata nella stagione secca e restituita nel periodo delle piogge, l'intervento non può che aggravare i problemi già esistenti. Lo studio condotto dalla Research Foundation dimostra che anche aggravando i problemi di siccità del distretto di Banda, una zona che comprende settantacinquemila ettari di terreno e sulla quale sorgono quaranta villaggi, e anche a costo di allagare quattrocentomila ettari di terreno e duecento villaggi nel distretto di Hamirpur, il canale di collegamento rimarrebbe comunque in secca per quattro mesi durante l'estate. Questo provocherebbe anche la scomparsa di alcune specie di pesci tipici della zona, che prendono nome dai laghi o dagli stagni in cui si trovano, e conseguentemente la rovina dei pescatori, cinquemila a Chhatarpur e quindicimila a Tikamgarh, e dell'industria ittica locale.

Grazie alle iniziative di sensibilizzazione che il movimento per la democrazia dell'acqua ha condotto nella regione del Bundlekhand, il governo di Uttar Pradesh si è opposto alla deviazione delle acque del fiume Ken e gli abitanti della zona del bacino del Ken sono decisi a boicottare il progetto di raccordo interfluviale. Ogni villaggio ha approvato una risoluzione in cui dichiara che l'acqua costituisce un bene comune e che qualsiasi progetto riguardante le risorse idriche non può prescindere dai diritti della comunità. Senza contare che il canale di raccordo tra il Ken e il Betwa attraverserebbe una zona che da cinque secoli si avvale già dei metodi di irrigazione tradizionale. Un distretto che otterrebbe un nuovo canale di irrigazione è, per esempio, quello di Tikamgarh, che grazie ai laghi artificiali costruiti dai re delle dinastie di Chandel e Bundel fa già parte delle aree agricole meglio irrigate di tutto il Bundelkhand.

Il 23 luglio 2003 abbiamo organizzato un parlamento dell'acqua a Orchha, per lanciare la campagna di non cooperazione al progetto di raccordo interfluviale. L'intera regione ha risposto con grande entusiasmo e partecipazione democratica. Come ha detto un organizzatore locale: "Per radere al suolo l'Iraq hanno usato le bombe, ma anche i brevetti sui semi e l'imbrigliamento dei fiumi sono bombe create per distruggerci. È per questo che dobbiamo resistere". Lontano dalla ribalta dei media globali, questi cittadini comuni combattono una battaglia da cui dipende anche il futuro del pianeta. Invece di armarsi contro l'impero brutale che li opprime, si battono voltandogli la schiena, rifiutandone gli strumenti e la logica, le imposizioni e la dittatura, e riappropriandosi delle loro esistenze, delle loro risorse, delle loro economie e culture.

Nei nostri villaggi, la libertà rinasce dall'interno delle comunità. La sua fiaccola viene tenuta accesa da semplici individui, coalizzati in una scelta di pace. Perché le armi non possono donarci la libertà: non lo hanno mai fatto.

Conclusione

David Pearce, un economista della Banca mondiale che considera la mercificazione del nostro patrimonio naturale ormai precario come un rimedio per garantirne la conservazione, ha ammesso in un recente dibattito che la crisi ecologica che stiamo attraversando è profonda, e che continua ad aggravarsi. Eppure, Pearce continua a difendere la privatizzazione dell'acqua, la mercificazione della vita e la globalizzazione dell'agricoltura. "I problemi di ampio raggio," ha dichiarato, "si risolvono con soluzioni altrettanto globali."[16]

Al contrario, come ci insegna l'esempio di Gandhi e come conferma la nostra esperienza all'interno del movimento democratico emergente, i regimi totalitari e dittatoriali si combattono a partire dalle realtà locali, perché i processi e le istituzioni su larga scala sono controllati dal potere dominante. I piccoli successi sono invece alla portata di milioni di individui, che insieme possono dare vita a nuovi spazi di democrazia e libertà. Su larga scala, le alternative che ci vengono concesse sono ben poche. Per converso, la realtà quotidiana ci offre mille occasioni per mettere a buon frutto le nostre energie.

Gandhi non sconfisse l'Impero britannico con un esercito delle stesse dimensioni, bensì con una presa di sale e un arcolaio. Quando gli inglesi decisero di tassare il sale, il popolo indiano marciò su Dandi, raccolse il sale e disse: "È un dono della natura, una risorsa necessaria per la nostra sopravvivenza. Continueremo a produrre il nostro sale. Disobbediremo alla legge britannica". E quando gli inglesi smantellarono l'industria tessile indiana, Gandhi non cercò di convincerli a ritornare sui loro passi. Mostrando un arcolaio, egli si rivolse al popolo indiano e disse: "Ogni azione diventa potente se a compierla sono milioni di persone". L'arcolaio è diventato un simbolo di questo potere della collettività.

I semi, i fiumi, il cibo quotidiano costituiscono un punto di partenza imprescindibile per riconquistare le nostre libertà politiche, economiche e culturali, perché è proprio impadronendosi di questi ambiti che le grandi imprese esercitano il loro monopolio sulla vita. Siamo pienamente consapevoli del fatto che lo sviluppo di economie alternative autogestite e forme di organizzazione democratica, che rivendicano un'autonomia decisionale, è una scelta che richiede impegno e coraggio, perché si tratta di resistere e disobbedire alle leggi inique che vietano ogni forma di governo, approvvigionamento e sostentamento autonomo. Proibire la conservazione dei semi significa assoggettare i contadini al giogo delle multinazionali. Con i contratti di privatizzazione, anche l'acqua dei poveri si trasforma in merce. Infine, le leggi che distruggono la produzione alimentare locale impongono una dittatura del cibo che opprime l'umanità intera.

Accettare questi vincoli, queste normative e procedure illegali, significa rinunciare ai nostri diritti democratici, alle nostre culture di vita e alla nostra libertà. Come ci insegna Gandhi, la libertà si riconquista rifiutando di sottoporsi a leggi ingiuste e immorali. La lotta per la verità, perseguita attraverso i principi della disobbedienza civile, della non violenza e della non cooperazione, è al tempo stesso un diritto che ci appartiene in quanto liberi cittadini di società libere, e un nostro fondamentale dovere come abitanti della Terra.

La globalizzazione economica e il militarismo procedono di pari passo, propagandati da una retorica che occulta la verità e li trasforma in fautori di benessere e sicurezza sociale. Per poter vendere le sue sementi geneticamente modificate, che sono inutili e dannose, Monsanto non può fare altro che ricorrere alla menzogna. E con altre menzogne, Coca-Cola si appropria della nostra acqua, il governo americano ci depriva dei nostri diritti civili in nome della "sicurezza della madre patria" e la Banca mondiale continua a incrementare il debito dei paesi e dei cittadini più poveri. Si tratta di una vera e propria guerra condotta ai danni della verità. La nomina di Paul Wolfowitz a presidente della Banca mondiale non fa che rendere più evidente il nesso tra interessi economici e militari.

In un'epoca in cui la schiavitù ci viene imposta attraverso varie forme di propaganda mistificatoria, la nostra *satyagraha*, la lotta per la verità, dovrà estendersi anche a queste strategie di colonizzazione della mente.

Una visione democratica della globalità ci offre nuove opportunità di agire liberamente, ma anche di coltivare la nostra libertà di pensiero. Possiamo dunque ridefinire il concetto di sicurezza nazionale in funzione della nostra vera patria, che è l'intero pianeta, e della nostra sicurezza reale, ovvero di una sicurezza ecologica che soltanto il pianeta può offrire e di una sicurezza sociale che soltanto la comunità, le pubbliche istituzioni e la tutela dei beni comuni possono assicurare. L'esperienza del movimento democratico emergente insegna a guardare oltre la logica del mercato e delle guerre, delle monoculture e del riduzionismo meccanicista, per concepire il mondo come un insieme di forme di vita diverse e correlate che si cocreano e che coevolvono pacificamente.

La mercificazione della vita – imposta da un'economia che al tempo stesso genera povertà – e la strategia del terrore – frutto di una politica che fa leva sulle insicurezze e sulle divisioni – sono strategie di potere complementari. Per contrastarne l'effetto, la diffusione di una povertà indotta e di paure frutto di manipolazioni e menzogne, dobbiamo dunque evidenziare le connivenze tra politica ed economia: le responsabilità dei governi al servizio delle multinazionali e le connessioni tra interessi economici e militari, tra i profitti delle grandi imprese e la povertà dei popoli, tra la globalizzazione economica e il fondamentalismo religioso. Per converso, analizzando queste connivenze scopriamo anche il legame profondo che ci unisce gli uni agli altri e che ci correla alla Terra. Denunciando le responsabilità dei gruppi di potere dominanti riusciamo anche a sviluppare la nostra coscienza democratica e a rinvigorire le nostre deboli democrazie. La nostra capacità di correlare gli ambiti dell'ecologico e del sociale ci permette di intraprendere dei progetti economici e culturali che salvaguardano il pianeta e i suoi abitanti, e al tempo stesso di formare una rete di solidarietà che può sconfiggere le alleanze del potere globale. Se ci sentiamo poveri, insicuri e impotenti è soltanto perché ancora non siamo riusciti a rifiutare una logica di potere che ci divide, che ci intrappola in una realtà atomizzata e ci rende ciechi di fronte alle infinite potenzialità che abbiamo in quanto cittadini del mondo. In realtà, ognuno di noi può contribuire creativamente a costruire delle alternative a un sistema che mira soltanto al controllo totale e a profitti senza limiti.

Il progetto democratico che ci unisce ci aiuta dunque a liberarci dei nostri paraocchi, a immaginare delle alternative possibili e a concretizzarle nella realtà. Per converso, la globalizzazione perpetrata dalle multinazionali annienta i nostri diritti fondamentali e minaccia di compromettere la sopravvivenza stessa di buona parte degli esseri umani e delle specie che popolano il pianeta. In un'epoca segnata dai genocidi, liberarsi significa innanzitutto rivendicare la libertà di rimanere in vita. È un conflitto di dimensioni epiche, in cui le varie forze schierate in difesa della vita combattono contro i fautori di morte. Il movimento democratico globale prende forma da una rete di realtà variegate e attive in molti ambiti, dalla sfera del politico e del sociale a quella ecologista. Ma ogni contributo è importante, nella sua specificità, e fa parte di un'unica battaglia per conseguire giustizia, sul piano economico e sociale, sostenibilità ecologica, pace, democrazia e libertà d'espressione per le diverse culture. Nella nostra epoca la dittatura tende a globalizzarsi, a controllare ogni aspetto della vita economica, politica e culturale di ogni nazione o società. Conseguentemente, anche la libertà deve essere perseguita e difesa su scala globale. Impegnarsi per realizzare i propri specifici obiettivi all'interno di un progetto democratico globale permette di unire le forze per rivendicare i propri specifici diritti, insieme a quelli dell'intera comunità terrena. L'imperialismo si esprime da sempre attraverso un'ottica globale. Il movimento democratico emergente è ancora agli inizi, comincia appena a prendere coscienza delle proprie potenzialità liberatorie e trasformatrici, ma ha già raggiunto una portata e una rete di collegamenti di importanza mondiale. Non siamo giunti alla fine della storia, bensì agli albori di una nuova era.

Note

1. *Economie che apportano la vita*

[1] Mahatma K. Gandhi, cit. in Vandana Shiva, *Tomorrow's Biodiversity*, Thames & Hudson, London 2000, p. 131.

[2] Mathew Fox, *The Reinvention of Work: A New Vision for Livelihood in Our Time*, Harper Collins, New York 1994, p. 141.

[3] Robert Frost, *Robert Frost's Poems*, St Martin's, New York 2002, p. 163.

[4] I pirati arrestati in mare aperto venivano definiti "privateer". Ho definito così i responsabili delle recinzioni delle terre comuni perché si tratta di un analogo atto di pirateria, perpetrato al fine di impadronirsi delle risorse altrui.

[5] G. Elliot Smith, cit. in Jeremy Rifkin, *Biosphere Politics: A New Consciousness for a New Century*, Crown, New York 1991, p. 39.

[6] Thomas More, *Utopia*, 1516; tr. it. *Utopia*, Editori Laterza, Roma Bari 1986, p. 24.

[7] Jeremy Rifkin, *Biosphere Politics*, cit., p. 41.

[8] Boyle, in Anthony McCann, *Beyond the Commons: The Expansion of the Irish Music Rights Organisation, the Elimination of Uncertainty, and the Politics of Enclosure*, tesi di dottorato, University of Limerick 2002, p. 236.

[9] Neeson, in McCann, *Beyond the Commons*, cit., p. 236.

[10] George Sturt, in Kirkpatrich Sale, *Rebels Against the Future: The Luddites and Their War on the Industrial Revolution: Lessons for the Computer Age*, Addison Wesley, Boston 1995, p. 35.

[11] Baden H. Baden-Powell, *Land Systems of British India: Being a Manual of the Land-Tenures and of the Systems of Land-Revenue Administration Prevalent in the Several Provinces*, Oxford, London 1907.

[12] The Famine Inquiry Commission, *The Famine Inquiry Commission Report on Bengal*, 1944, Usha, New Dehli 1984, p. 27.

[13] J.N. Uppal, *Bengal Famine of 1943: A Man-Made Tragedy*, Lucknow, Delhi 1984, p. 60.

[14] John Winthrop, cit. in Djelal Kadir, *Columbus and the Ends of the Earth*, University of California Press, Berkeley 1992, p. 171.

[15] Vandana Shiva, *Biopiracy: The Plunder of Nature and Knowledge*, South End Press, Cambrige (Mass.) 1997; tr. it. *Biopirateria. Il saccheggio della natura e dei saperi indigeni*, CUEN, Napoli 1999.

[16] I profughi espulsi da recinzioni di vario tipo si radunano spesso in altri spazi o territori comuni. I contadini evacuati a causa delle dighe si rifugiano nelle foreste per poter sopravvivere. Anche i quartieri più degradati delle grandi città costituiscono di fatto dei territori liberi, una zona franca in cui i più poveri possono cercare di mantenersi in vita senza che venga loro richiesto di rispettare i diritti di proprietà privata.

[17] In Jeremy Rifkin, *Biosphere Politics*, cit., p. 45.

[18] Kirkpatrich Sale, *Rebels Against the Future*, cit., p. 35.

[19] Vandana Shiva e Radha Holla Bhar, *Sharing the Earth's Harvest: An Ecological History of Food and Farming in India*, vol. 2, Rfste, Dehli 2001, p. 15.

[20] Dharampal, *Despoliation and Defaming of India*, Other India Press, Goa 1999, p. 24.

[21] *Report of the Indian Irrigation Commission, 1901-03*, 1904; F.K.L. Mukhopadhyay, Calcutta 1984.

[22] Radha Kamal Mukherjee, *Economic History of India*, Kitab Mahal, Allahabad India 1967, p. 183.

[23] Ivi, p. XVII.

[24] Ivi, p. 172.

[25] Ivi, p. XIX.

[26] Ivi, p. XXIII.

[27] Ernst von Weizsacker, Amory Lovins, Hunter Lovins, *Factor Four: Doubling Wealth, Halving Resource Use*, Earthscan, London 1997, p. 50; Vandana Shiva *et al.*, *Principles of Organic Farming*, Navdanya, Dehli 2004, pp. 156-163.

[28] Lloyd Timberlake, *Africa in Crisis: The Causes, the Cures of Environmental Bankruptcy*, Earthscan, London 1985, p. 154.

[29] Richard Barnet, *The Lean Years: Politics in the Age of Scarcity*, Abacus, London 1980, p. 171.

[30] Vandana Shiva *et al.*, *Corporate Hijack of Biodiversity: How WTO-Trips Rules Promote Corporate Hijack of People's Biodiversity and Knowledge*, Navdanya, Dehli 2002; *EU-India Dialogue on Biosafety and Biotechnology*, Atti del convegno, New Dehli, 1-2 aprile 2005.

[31] Tribal Research and Training Institute, *Malnutrition-Related Deaths of Tribal Children*, Tribal Research and Training Institute, Pune India 2002, p. 4.

[32] A.V. Krebs, *The Corporate Reapers: Towards Total Globalisation of Our Food Supply*, in Vandana Shiva e Gitanjali Bedi (a cura di), *Sustainable Agriculture and Food Security: The Impact of Globalisation*, Sage, Thousand Oaks 2002, p. 187.

[33] Charan Singh, *Economic Nightmare in India*, National Publishing House, New Dehli 1984, p. 119.

[34] Cit. in Oxfam, *Boxing Match in Agricultural Trade: Will WTO Negotiations Knock Out the World's Poorest Farmers?*, in "Oxfam Briefing Paper", n. 32, 19 novembre 2002.

[35] Eric Schlosser, *Fast Food Nation: What the All-American Meal is Doing to the World*, Penguin, London 2002, p. 240.

[36] Ivi, p. 241

[37] http://organicconsumers.org/organic/corporate120604.cfm.

[38] http://news.independent.co.uk/world/science_medical/story.jsp?story=453124.

[39] Matim Qaim e David Zilberman, *Yield Effects of Genetically Modified Crops in Developing Countries*, in "Science" 299, n. 5608, 7 febbraio 2003, pp. 900-902.

[40] Jeffrey M. Smith, *Seeds of Deception: Exposing Industry and Government Lies About the Genetically Engineered Food You Are Eating*, Yes! Books, Fairfield (Ia) 2003, pp. 90-93.

[41] Arthur Hocart, in Rifkin, *Biosphere Politics*, cit., p. 39.

[42] John Cavanagh e Jerry Manders (a cura di), *Alternatives to Economic Globalisation*, Berrett-Koehler, San Francisco 2004, p. 45.

[43] N.S. Jodha, *Market Forces and the Erosion of Common Property Resources*, Icrisat, Hyderabad India 1986, ciclostilato.

[44] Sean P. Murphy e Raphael Lewis, *Big Dig Found Riddled with Leaks: Engineers Say Fixes Could Take a Decade*, in "Boston Globe", 10 novembre 2004.

[45] Si veda il capitolo 4, *Conquiste del movimento democratico globale*.

[46] Steve Chapman, *Takings Exception: Maverick Legal Scholar Richard Epstein on Property, Discrimination, and the Limits of State Action*, Reasononline, http://reason.com/9504/epstein.apr.shtml. [Con riferimento a Richard Epstein, *Takings: Private Property and the Power of the Eminent Domain*, Harvard University Press, Cambridge (Mass.) 1985; *N.d.T.*]

[47] Steve Chapman, *cit*.

[48] Charlotte Waters, *An Economic History of England 1066-1874*, Oxford University Press, London 1928.

[49] Jeremy Rifkin, *End of Work: The Decline of the Global Labor Force and the Dawn of the Post-Market Era*, Putnam Books, New York 1995, p. 3; tr. it. *La fine del lavoro: il declino della forza lavoro globale e l'avvento dell'era post-mercato*, Baldini&Castoldi, Milano 1996.

[50] Sarah Anderson e John Cavanagh, in John Cavanagh e Jerry Mander (a cura di), *Alternatives to Economic Globalisation*, Berrett Koehler, San Francisco 2004, p. 45.

[51] Vandana Shiva, *Water Wars: Privatization, Pollution and Profit*, South End Press, Cambridge (Mass.) 2002; tr. it. *Le guerre dell'acqua*, Feltrinelli, Milano 2004.

[52] M.K. Gandhi, *Hind Swaraj*, Navjivan Press, Ahmenabad 1938, p. 61; tr. it. *Civiltà occidentale e rinascita dell'India. La nonviolenza come liberazione individuale e collettiva*, Edizioni del Movimento Nonviolento, Perugia 1984.

[53] Claude Alvares, *Deadly Development*, in "Development Forum" 11, n. 7, 1973, p. 3.

[54] Peter Kropotkin, *Mutual Aid: A Factor of Evolution*, www.calresco.org/texts/mutaid1.htm; tr. it. *Il mutuo appoggio*, Edizioni E/O, Roma 1996.

[55] Daniel Fife, *Killing the Goose*, in "Environment" 13, n. 3, aprile 1971, pp. 20-22. [Il riferimento è a Garrett Hardin, *Tragedy of the Commons*, "Science" 162, 1968, pp.1243-8; *N.d.T.*]

[56] Garrett Hardin, *Lifeboat Ethics: The Case Against Helping the Poor*, in "Bioscience" 24, 1974, p. 561.

[57] Cit. in Vandana Shiva e Mira Shiva, *Women, Population and Environment: A Report for the International Conference on Population and Development, Cairo*, Rfste, Dehli 1994, p. 13.

[58] *New Shift in Depopulating Strategy*, 1991, in Ubinig, *Depopulating Bangladesh: Essays on the Politics of Fertility*, http://www.hsph.harvard.edu/Organizations/healthnet/SAsia/depop/Chap8.html.

[59] Mathis Wackernagal e William Rees, *Our Ecological Footprint: Reducing Human Impact on the Earth*, New Society Publishers, Gabriola Island BC Canada, 1996, p. 9.

[60] Amory Lovins, *World Energy Strategies: Facts, Issues and Options*, Friends

of the Earth, London 1975, p. 133; tr. it. *L'alternativa energetica*, Amici della Terra, Roma 1978.

[61] Sale, *Rebels Against the Future*, cit., p. 39.

[62] Mukherjee, *Economic History of India*, cit., p. 95.

[63] Mahmood Mamdani, *The Myth of Population Control*, Monthly Review Press, New York 1972; Jean Drèze e Mamta Murthi, *Fertility, Education and Development*, Suntory Center, LSE, London, gennaio 2000.

[64] M.K. Gandhi, *Economic Constitution*, in "Young India", 15 novembre 1928.

[65] Vijav Joshi, *Myth of India's Outsourcing Boon*, in "Financial Times", 15 novembre 2004.

[66] Shri Manila Graham Dog Dijet Papa, *Basic Philosophy and Practices of Our Organization*.

[67] *Ibid.*

[68] M.K. Gandhi, in "Harijan", 28 luglio 1946; tr. it. in M.K. Gandhi, *Teoria e pratica della non violenza*, Einaudi, Torino 1973, p. 146.

2. Democrazie che tutelano la vita

[1] Lee Kyung Hae, in "Korea Agrofood", aprile 2003.

[2] Jacques Berthelot, *The Basic Concepts Used for Agricultural Policies Are Tricky: Import Protection is the Least Protectionist Way of Supporting Farmers (first part)*, "Solidarité", World Social Forum, Porto Alegre, 31 gennaio/5 febbraio 2002, http://www.abcburkina.net/english/eng_pol-agri/eng_protection.htm.

[3] Amy Chau, *World on Fire: How Exporting Free Market Democracy Breeds Ethnic Hatred and Global Instability*, Anchor Books, New York 2004, p. 9.

[4] Research Foundation for Science, Technology and Ecology (Rfste), *Globalization and Democracy Report of Rfste*, Rfste, Dehli 1995.

[5] Cit. in Vandana Shiva, *Democracy in the Age of Globalisation*, atti della "National Conference on Grassroot Democracy and Threat to Survival: Agenda for Voluntary Associations and Panchayati Raj Institutions", New Dehli 21-22 dicembre 1995, p. 3.

[6] http://www.cnn.com/WORLD/9509/india_kfc/

[7] Per ulteriori informazioni su questi movimenti si veda il quarto capitolo, *Conquiste del movimento democratico globale*.

[8] Vandana Shiva, *Biopirateria. Il saccheggio della natura e dei saperi indigeni*, cit.

[9] Lev Tolstoj, *The Law of Violence and the Law of Love*, Conford Grove Press, Santa Barbara 1983, p. 84; tr. it. *La legge della violenza e la legge dell'amore*, Edizioni del Movimento Nonviolento, Verona 1998.

[10] M.K. Gandhi, *Equal Distribution*, in "Harijan", 25 agosto 1940; tr. it. in M.K. Gandhi, *Teoria e pratica della non violenza*, Einaudi, Torino 1973, p. 127.

[11] David J. Rapport, Bill L. Lasley, Dennis E. Rolston, *Managing for Healthy Ecosystems*, CRC Press, Boca Raton 2003, p. 322, http://healthwrights.org/books/HHWL/HHWLchapt15.pdf.

[12] Vandana Shiva, *Violence of the Green Revolution*, Zed, London 1988, p. 109.

[13] Vandana Shiva *et al.*, *Principles of Organic Farming*, cit.

[14] Howard e Wad, cit. in M.K. Gandhi, *Food Shortage and Agriculture*, Navjivan Publishing House, Ahmenabad India 1949, p. 185.

[15] G. Clarke, intervento presidenziale alla sessione dedicata all'agricoltura

dell'Indian Science Congress, cit. in M.K. Gandhi, *Food Shortage and Agriculture*, cit., p. 83.

[16] Edward Goldsmith, *How to Feed People Under a Regime of Climate Change*, Ecologist, London 2004, p. 7.

[17] Vandana Shiva, *Yoked to Death: Globalisation and Corporate Control of Agriculture*, Rfste, Dehli 2001, p. 6.

[18] Debal Deb, *Industrial vs Ecological Agriculture*, Navdanya, Dehli 2004, p. 57.

3. Culture che valorizzano la vita

[1] Sua Santità il Dalai Lama, *The Global Community and the Need for Universal Responsibility*, Wisdom Publications, Boston 1992; tr. it., *La comunità mondiale e la necessità di una responsabilità universale*, Chiara Luce Edizioni, Pomaia 1992.

[2] Rudolf Bahro, *From Red to Green*, Verso, London 1984, p. 211.

[3] http://www.newamericancentury.org/

[4] Cit. in Vandana Shiva, intervento al convegno "Women and Religion", Centre for Health and Social Policy, Chiang Mai, Thailandia, 29 febbraio-3marzo 2004.

[5] Cit. in Vandana Shiva, *Tomorrow's Biodiversity*, cit., p.131.

[6] Cit. in Vandana Shiva, *Globalization, Gandhi and Swadeshi: What is Economic Freedom? Whose Economic Freedom?*, Rfste, Dehli 1998.

[7] Maureen Dowd, *Slapping the Other Cheek*, in "New York Times", 14 novembre 2004.

[8] http://observer.guardian.co.uk/international/

[9] *From Hindutva, Advani Takes One Little Leap, Says God Chose BJP*, in "Indian Express", 27 novembre 2004.

[10] Dharampal, *Despoliation and Defaming India*, Other India Press, Goa 1999, p. 103.

[11] *Ibid.*

[12] *Late Rains to Boost Bumper Foodgrain Production*, in "Economic Times", 26 novembre 2004, p. 3.

[13] Vandana Shiva *et al.*, *Corporate Hijack of Biodiversity*, Rfste, Dehli 2003, p. 15.

[14] Oms, *World Report on Violence and Health*, Genève 2002, p. 215.

[15] Onu, *Convention on the Prevention and Punishment of the Crime of Genocide*, http://www.unhchr.ch/html/menu3/b/p_genoci.htm.

[16] Commissione Veeresh, *Farmer Suicides in Karnataka: A Scientific Analysis*, Government of Karnataka, Bangalore 2004, p. 113.

[17] *Ibid.*

[18] Vandana Shiva, *Towards People's Food Security*, Rfste, Dehli 1995, p. 16.

[19] Vandana Shiva e Kunwar Jalees, *The Mirage of Market Access: How Globalization is Destroying Farmers Lives and Livelihoods*, Rfste, Dehli 2003, p. 47.

[20] Si veda anche Vandana Shiva, *Staying Alive: Women, Ecology and Development*, Zed Books, London 1989; tr. it. *Terra Madre: sopravvivere allo sviluppo*, Utet, Torino 2002.

[21] *Over 60 Million Women Have Fallen Victims to Sex Discrimination*, in "The Indian Express", 24 luglio 1997.

[22] Sarala Gopalan e Mira Shiva (a cura di), *National Profile on Women, Health and Development*, Vhai, Oms, New Dehli aprile 2000, p. 226.

[23] R.P. Ravindra, *The Scarcer Half*, CED, Bombay 1986.

[24] Lakshmi Lingam, *Sex Determination Tests and Femal Foeticide: Discrimination Before Birth*, in Lakshmi Lingam (a cura di), *Understanding Women's Health: A Reader*, Kali for Women, Dehli 1998, pp. 209-218.

[25] Mira Shiva e Ashish Bose, *Missing: Mapping the Adverse Child Sex Ratio in India*, United Nations Population Fund, ottobre 2003, p. 3.

[26] Vibhuti Patel, *Sex Selective Abortions: Pre-Birth Elimination of Girls*, in "Health for the Millions", numero dedicato a "Population and Development", Voluntary Health Association of India, agosto-novembre 2004.

[27] Pamela Philipose, *Where is the Girl Child?*, in "Indian Express, 15 aprile 2001.

[28] *Missing Girls: A Case Study from Dehli*, in *Missing Census of India*, Ministry of Health and Family Welfare and Unfpa, New Dehli 2003, pp. 2-11.

[29] Ivi, p. 1.

[30] T.K. Rajalakshmi, *Crime Capital*, in "Frontline" 19, n. 25, 7-20 dicembre 2002.

[31] Mira Shiva e Ashish Bose, *Darkness at Noon*, Vhal, New Dehli 2003.

[32] Samuel P. Huntington, *The Clash of Civilizations and the Remaking of World Order*, Simon & Schuster, London 1997, p. 20.

[33] Walt Martin e Magde Ott, *Albert Schweitzer: Reverence for Life*, manoscritto non pubblicato, p. 3.

[34] http://www.civworld.org/declaration.cfm.

4. Conquiste del movimento democratico globale

[1] Aa.Vv., *Basmati Biopiracy*, Rfste, Dehli 1999, p. 1.

[2] Css Haryana Agricultural University, Hissar.

[3] http://www.iraqcoalition.org/regulations/20040426_CPAORD_81_Patents_Law.pdf.

[4] International Coalition on the Future of Food and Agriculture, *Manifesto on the Future of Food and Principles of Earth Democracy*, South End Press, Cambridge (Mass.) 2005, pp. 7-8. [La versione italiana del manifesto è reperibile sul sito http//www.stefanoborselli.elios.net/giannozzo_pucci/manifesto_futuro_cibo.htm.; *N.d.T.*]

[5] Ivi, pp. 24-27.

[6] Vandana Shiva, *Le guerre dell'acqua*, cit.

[7] *Women and Water*, convegno, Doon Valley, febbraio 2004.

[8] Alta corte del Kerala, sentenza del giudice Balakrishnana Nair, 16 dicembre 2003, WP(C) n. 34292 (G), p.23.

[9] Sureshwar D. Sinha, *Quenching Dehli's Thirst Locally: Rejuvenating the Yamuna and Reviving Local Water Sources*, Rfste, Dehli 2003, p. 37.

[10] Shekar Singh e Pranab Banerjee, *Large Dams in India: Environmental, Social and Economic Impacts*, Indian Institute of Public Administration, New Dehli 2002, p. 18.

[11] Vandana Shiva e K. Jalees, *Ganga: Common Heritage or Private Commodity*, Rfste, Dehli 2004.

[12] Documento della Banca mondiale n. 386, 1997.

[13] Vandana Shiva e K. Jalees, *River Linking Project*, Rfste, Dehli 2004, p. 1.

[14] Ivi, p. 2.

[15] Vandana Shiva e Gunjan Mishra, *Ken-Betwa Link: A Social and Ecological Assessment*, Rfste, indagine non pubblicata, Dehli 2004, pp. 1-6.

[16] David Pearce, *The Future of the Earth*, European Academy of Otzenhausen, Germania, marzo 2005.

Indice

Stampa Grafica Sipiel
Milano, settembre 2006